내 몸 살리는
4주 식습관 프로젝트

체중도 줄이고, 독소도 줄이고, 질병도 줄인다!

neoimage

프롤로그 PROLOGUE

| 인사말 |

내가 늘 먹는 음식이 바로 '나'입니다!

요즘 주위에서 많이 듣는 '건강 키워드'에는 무엇이 있을까요?
다이어트, 스트레스, 디톡스, 고혈압, 수면부족, 영양불균형, 알러지, 소화불량,
푸석푸석한 피부와 붓는 얼굴 등등… 지금을 살아가는 사람들은 다양한 환경요소로
이런 건강 키워드와 좋든 싫든 연관을 맺고 살아갑니다.

이런 키워드를 피해가는 좋은 방법은 없을까요?
식이지도, 바로 푸드테라피입니다. 먹거리를 통해 자신의 몸 상태를 체크하고 가장 편안한
몸을 만들어 혹시 생길지도 모르는 질병에 대비하는 것, 일종의 예방법입니다.
자신이 섭취한 먹거리들은 결국 '나'를 만들고 자신의 건강과 삶을 변화시킵니다.
매일 먹는 하루 한 끼 식사만 바꿔도 삶의 질이 달라집니다.

저는 20년 동안 다양한 질병과 잘못된 식습관을 가진 고객들을 상담하고 관리하면서
새롭게 변화된 고객들의 삶에서 큰 보람을 느낍니다.
고객의 상태를 파악하고 왜 이런 먹거리를 먹어야 하는지,
그리고 그 먹거리가 자신의 몸에 끼치는 영향에 대해 설명해줍니다.

장보기와 식재료 선정, 조리법, 식단관리를 통해 올바른 생활습관과
자신의 몸에 맞는 1:1 개인 맞춤형 식이지도와 운동 가이드,
그리고 심리상담을 통해 스스로의 건강을 지키고 유지할 수 있도록 도움을 줍니다.
단지 식단만을 지도해주는 것이 아니라 생활습관, 즉 라이프스타일을 바꿔주는 것입니다.

'4주 프로그램'의 교육을 받으면 그 후에는 스스로의 실천이 중요합니다. 걱정할 필요가
없습니다. 저희 캐치프레이즈가 바로 '쉽다! 간편하다! 맛있다!' 입니다.
누구라도 손쉽게 만들어서 맛있게 먹고 건강을 지킬 수 있습니다.

이 책을 통해 많은 분들이 작은 실천을 통해 큰 행복을 얻었으면 합니다.
"내가 늘 먹는 음식이 바로 '나' 입니다!"

식이운동지도사 강은경

내 몸 살리는 4주 식습관 프로젝트

체중도 줄이고, 독소도 줄이고, 질병도 줄인다!

PROGRAM 1_ 해독 프로그램

PROGRAM 2_ 면역 프로그램

PROGRAM 3_ 염증 프로그램

PROGRAM 4_ 항산화 프로그램

참고문헌 및 자료출처

01_ 농촌진흥청 국립농업과학원, 기능성성분표, 2009
02_ 한국영양학회, 영양학 용어집, 도서출판한아름, 2006
03_ William A.Forsythe, 영양과 건강, 유한문화사, 2007
04_ 한국영양학회, 파이토뉴트리언트 영양학, 라이프사이언스, 2011

INTRO 1

몸에 나쁜 활성산소를 억제해주는

'파이토케미컬'을 아세요?

식물에는 '파이토케미컬'이라는 성분이 들어 있다. 외부 환경으로부터 자신을 보호하고 번식하기 위해 만들어진 물질이다. 파이토케미컬의 대표적인 기능은 항산화 기능이다. 우리 몸에서 생성된 활성산소는 세포를 손상시켜 각종 질병을 유발하는데, 파이토케미컬이 이런 활성산소를 억제해주는 역할을 한다. 우리 몸의 활성산소만 제거해도 건강을 지킬 수 있기 때문에 평소 식습관을 통해 파이토케미컬을 충분히 섭취해주는 게 좋다.

아는 만큼 건강해진다? 컬러로 보는 파이토케미컬

채소와 과일이 가지고 있는 컬러에 따라 파이토케미컬의 종류와 기능이 다양하다. 평소 자신이 좋아하고 즐겨 먹는 채소와 과일에 어떤 기능이 있는지, 또는 자신에게 지금 필요한 채소와 과일이 무엇인지 꼼꼼하게 체크해보자.

색 깔	들어간 채소	파이토케미컬	기 능
빨간색	토마토, 수박, 빨강파프리카	리코펜	항산화 작용, 심혈관계 건강, 암 예방
	딸기, 크랜베리, 사과, 체리	엘라그산	항산화 작용, 암 예방
초록색	브로콜리, 케일, 콜리플라워, 양배추, 방울양배추	이소티오시아네이트(설포라판), 인돌	세포 건강, 암 예방
	청피망, 케일, 샐러리, 브로콜리, 밀싹, 멜론, 아스파라거스, 애호박, 고추, 무순, 라임	베타카로틴	항산화 작용
노란색	병아리콩, 옥수수	이소플라본	골다공증, 유방암, 자궁암, 전립선암 예방, 혈압 저하, 심혈관계 질병 예방
	케일, 노랑파프리카, 망고, 파인애플, 고구마, 감, 당근, 오렌지, 레몬, 단호박, 고구마	헤스페리딘	심혈관계 건강

색 깔	들어간 채소	파이토케미컬	기 능
흰 색	양파, 사과, 오이, 양배추	케르세틴	항산화 작용, 암 예방
	마늘, 양파, 콜리플라워, 감자	알리신	항균 작용, 해독 작용
보라색	블루베리, 크랜베리, 가지, 적채, 아로니아, 건포도, 적양파	안토시아닌	항산화 작용, 심혈관계 건강, 시각 기능 향상
	적포도, 블루베리	레스베라트롤	항산화 작용, 심혈관계 건강, 암 예방

INTRO 2

–

강은경 식이운동지도사가 추천하는

내 몸 살리는 식재료 베스트 31

채소 Vegetable

비트» 비트에는 안토시아닌, 베타인, 미네랄 등의 영양소가 풍부하게 들어 있어 고혈압 개선, 다이어트, 항암, 항염, 피부 미용 등 다양한 효능이 있다. 특히 철분이 들어 있어 여성들의 빈혈 예방과 개선에도 도움을 준다.

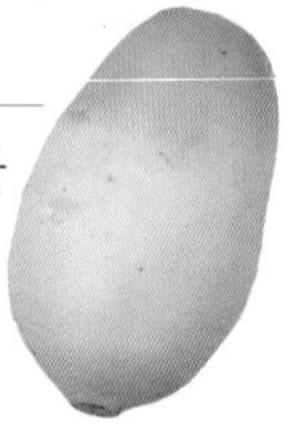

무» 무는 비타민 C가 풍부한 채소로 환절기 감기 예방과 면역력 증강에 도움을 준다. 또한 글루코시노레이트라는 성분이 독성을 제거하고 식중독 예방, 항암 효과에 좋다. 생으로 먹거나 국물을 내서 먹는다.

오이» 오이는 수분이 풍부해 피부 보습에 좋고, 비타민 C가 풍부해 피부톤을 맑게 한다. 칼륨이 들어 있어 체내에 쌓인 노폐물 배출을 돕고, 피를 맑게 하는 효능이 있다. 또한 칼로리가 낮아 여름철 다이어트 식품으로 좋다.

고구마» 고구마에는 비타민 C와 베타카로틴이 풍부하게 들어 있어 항산화 작용에 특효가 있다. 또한 칼륨이 들어 있어 몸속 나트륨 배출을 돕고, 심혈관계 질병 예방에도 도움을 준다. 이 외에도 고구마 껍질에 들어 있는 페놀은 항암 작용에 효과적이기 때문에 깨끗이 씻어 껍질째 먹는 것이 좋다.

표고버섯›› 표고버섯에는 렌티난이라는 성분이 들어 있어 항암 효과에 탁월한 식품으로 손꼽힌다. 또한 인터페론 생성을 촉진시켜 신체 면역기능을 높이기 때문에 환절기 감기 예방에도 도움을 준다.

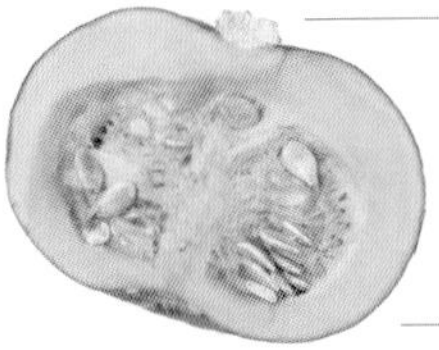

단호박›› 단호박에는 각종 비타민과 무기질이 풍부해서 체내 콜레스테롤 수치를 낮춰 혈관 질환과 성인병 예방에 도움을 준다. 비타민 C 함량도 높아 피로회복과 면역력 증강에 효과적이다. 칼로리까지 낮아 건강한 다이어트 식품으로 손꼽힌다.

브로콜리›› 브로콜리는 비타민 C와 비타민 K, 베타카로틴과 엽산이 풍부해 항암 효과에 탁월하고, 항산화 효과가 있어 꾸준히 섭취하면 피부 미용에도 좋다. 눈 건강에 관여하는 루테인도 함유되어 있어 시력 보호에 도움을 준다.

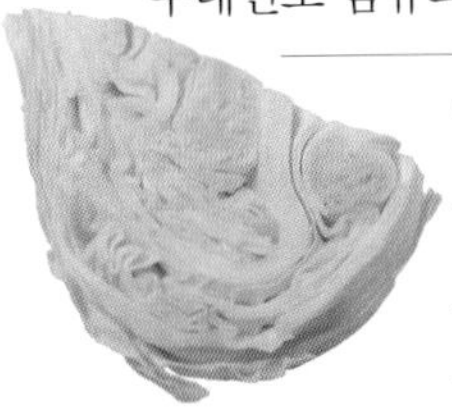

양배추›› 비타민 C가 풍부하게 함유되어 있는 양배추는 항산화 효과와 위 건강에 도움을 준다. 이 외에 엽산과 비타민 K도 풍부해 체내 나트륨 배출에도 효과적이다. 파이토케미컬 성분 중에는 루테인과 제아잔틴 성분이 들어 있어 시력 보호에 중요한 역할을 한다.

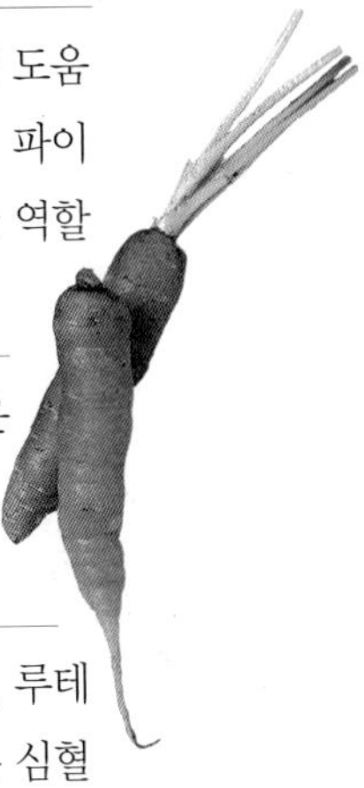

당근›› 당근에는 베타카로틴이 풍부하게 함유되어 있고, 비타민 K와 칼륨도 풍부하다. 베타카로틴은 체내에서 비타민 A로 전환돼 세포의 건강을 유지하고, 눈 건강에 도움을 준다. 뿐만 아니라 뼈 기능과 면역 기능을 유지하는 데 필요하다. 비타민 K는 혈액 응고에 필요하다.

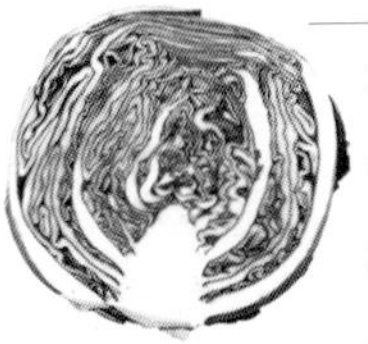

적채›› 적채에는 비타민 C와 비타민 K가 풍부하다. 또한 인돌, 설포라판, 안토시아닌, 루테인과 제아잔틴이 함유되어 있다. 인돌과 설포라판은 항암 효과가 있고, 안토시아닌은 심혈관계 질환 예방 효과가 있으며 항산화 작용을 하고, 루테인과 제아잔틴은 눈 건강에 도움을 준다.

밀싹›› 밀싹은 비타민 B_1과 철분이 풍부하게 함유되어 있다. 밀싹의 효능 중 중금속 및 독소 배출 기능은 다이어트에도 효과적이다. 또한 열량도 낮고 미네랄도 풍부해 건강한 다이어트 식품으로 좋다.

아스파라거스›› 아스파라거스에는 대장암을 예방하는 프리바이오틱이 들어 있어 체내에 유익한 유산균의 증식을 돕는다. 또한 항암, 항염 작용이 뛰어나 각종 성인병을 예방하고, 활성산소를 억제해 피부 건강에도 효과가 있다.

콜리플라워›› 콜리플라워에는 글루코시놀레이트와 설포라판 성분이 다량 함유되어 있어 강력한 항암작용이 특징이다. 암을 예방할 뿐만 아니라 암 세포 증식을 막는데도 효과가 있다. 또한 비타민 C가 풍부한데, 열을 가해도 비타민 C가 쉽게 손실되지 않아 다양한 형태로 섭취가 가능하다.

토마토›› 토마토에는 비타민 C와 엽산이 풍부하게 함유되어 있다. 비타민 C는 콜라겐 합성과 상처 회복에 도움을 주고, 엽산은 핵산 생성에 관여해 세포분열을 조절한다. 파이토케미컬 성분은 리코펜으로 항산화 작용을 하고 심혈관계 질환과 암 예방에 효과가 있다.

파프리카›› 파프리카에는 베타카로틴과 비타민 C가 다량 함유되어 있고, 엽산도 풍부하다. 비타민 A는 상피세포의 건강, 시각 기능, 뼈의 발달과 면역 기능에 도움을 준다. 비타민 C는 콜라겐 합성에 관여하고 항산화 영양소로 작용한다.

가지›› 가지에는 안토시아닌 성분이 풍부해 활성산소를 제거해줘 노화방지에 도움을 준다. 또한 루페올 성분이 염증을 감소시키고, 다양한 비타민이 들어 있어 세포를 보호하고 피부를 건강하게 한다.

샐러리›› 샐러리에는 비타민 C, 비타민 K가 풍부하게 들어 있고, 베타카로틴 및 칼슘도 풍부하다. 파이토케미컬 성분인 베타카로틴, 루테인, 쿠마린도 다량 함유되어 있다. 베타카로틴은 항산화 작용을 하고 암 예방에도 효과가 있다. 루테인은 눈의 황반 변성을 예방하고 시각 기능을 증진한다.

과일 Fruits

오렌지›› 시트러스과의 대표적 과일인 오렌지는 비타민 C가 풍부하게 들어 있다. 비타민 C는 피로회복과 상처회복, 항산화 등의 작용에 효과적이고, 파이토케미컬 성분인 헤스페라틴, 나린진이 들어 있어 혈중 콜레스테롤을 낮추는데도 효과적이다.

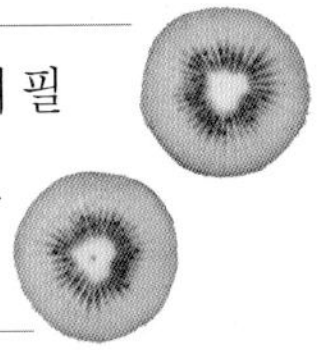

키위›› 키위에는 비타민 C 뿐만 아니라 비타민 K도 풍부하다. 비타민 K는 혈액응고에 필수 역할을 하고, 비타민 C는 콜라겐 합성을 돕는다. 특히 루테인 함량이 높아 황반 변성 등의 눈 건강에 효과적이고, 단백질 분해 효소가 있어 소화에도 좋다.

바나나›› 바나나에는 비타민 B, C, 칼륨이 함유되어 있다. 또한 팩틴이라는 성분이 들어 있는데, 팩틴은 소화를 돕고, 몸에 축적된 독소를 배출하는 역할을 한다. 이 외에도 트립토판이라는 성분이 우울증과 불면증에 도움을 준다.

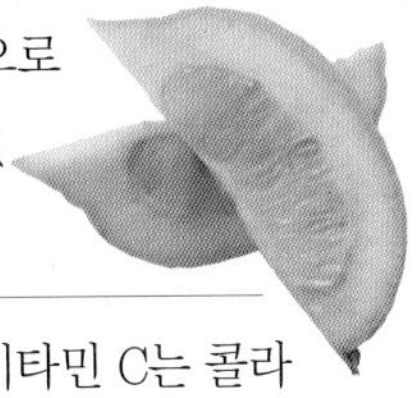

레몬›› 레몬에는 비타민 C가 아주 많이 함유되어 있다. 주요 파이토케미컬 성분으로는 헤스페리딘이 들어 있어 항산화 효과와 혈중 콜레스테롤을 낮추는 효과가 있다. 항균 기능이 있어 몸속 바이러스를 억제하는데 도움을 준다.

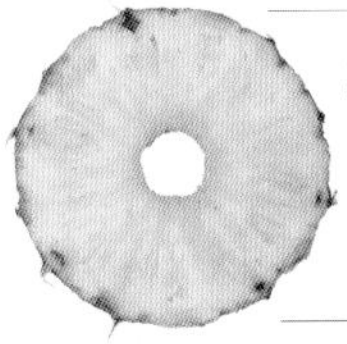

파인애플›› 파인애플에는 비타민 C가 풍부하게 함유되어 있다. 비타민 C는 콜라겐 합성과 상처회복을 돕고, 항산화 영양소로 작용한다. 또한 파인애플에는 단백질 가수분해 효소인 브로멜라인이 함유되어 있어 체내 소화 작용을 돕는다.

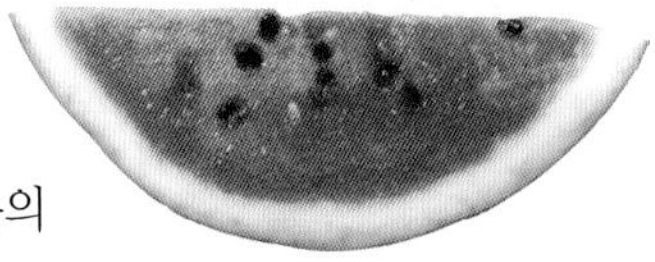

수박›› 수박은 90% 이상이 수분으로 이루어져 있어 칼로리가 낮고, 식이섬유가 풍부해 장운동을 활발하게 해주는 다이어트 식품으로 손꼽힌다. 수박의 붉은색을 띠는 리코펜 성분은 항산화 물질로 몸속의 활성산소를 제거하는 효과가 있다.

딸기» 딸기에는 비타민 C가 풍부하게 들어 있고, 엽산과 망간도 풍부하다. 비타민 C는 콜라겐 합성에 관여하고, 항산화 영양소로 작용하여 활성산소를 제거한다. 엽산은 핵산 생성에 필요하고 빈혈을 예방한다. 망간은 금속 효소의 구성 요소다. 망간은 탄수화물, 지방, 단백질 대사에 관여하는 효소와 뼈와 연골 조직의 형성을 돕는다.

망고» 망고에는 비타민 C와 베타카로틴이 풍부하게 함유되어 있다. 망고의 베타카로틴은 항산화 작용을 하고 암 예방 효과가 있다. 단, 칼로리가 높아 한꺼번에 많은 양을 섭취하는 것은 피하는 것이 좋다.

블루베리» 블루베리에는 비타민 K가 다량 함유되어 있고, 비타민 C와 망간도 풍부하다. 비타민 K는 혈액응고에 관여한다. 비타민 C는 콜라겐 합성과 상처 회복을 돕고, 망간은 금속 효소의 구성 요소다. 또한 안토시아닌과 레스베라트롤이 함유되어 있어, 시력 건강과 항산화 작용을 하고 심혈관계 건강을 증진하는 효과가 있다.

곡류 Grain

아몬드» 아몬드에는 불포화지방과 비타민 E(토코페롤), 망간이 들어 있다. 불포화지방은 심혈관계 질환의 예방에 도움이 된다. 비타민 E는 항산화 작용이 뛰어나 활성산소를 제거한다. 다이어트를 할 때 아몬드를 꾸준히 섭취하면 건강한 지방을 섭취할 수 있다.

흰강낭콩» 흰강낭콩에는 체내 콜레스테롤 수치를 낮추고 노폐물을 배출하는 파세올라민 성분이 풍부하게 들어 있다. 또한 레시틴 성분이 들어 있어 피로회복과 간세포 재생에 도움을 준다. 이 외에도 단백질이 풍부해 포만감과 요요를 막아주는 다이어트 식품으로 손꼽힌다.

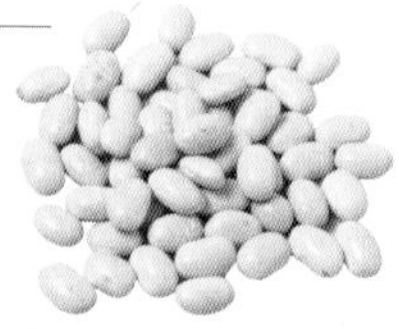

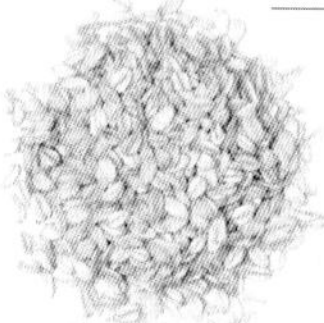

오트밀» 오트밀에는 항산화 성분이 많이 포함되어 있어 산화 작용과 콜레스테롤 수치 조절에 도움을 준다. 또한 식이섬유가 풍부해 소화를 돕고, 배변활동을 원활하게 해주기 때문에 체중감량에도 효과적인 식품이다.

녹두›› 녹두는 칼륨이 풍부하게 들어 있어 나트륨으로 인한 고혈압과 부종을 완화시키는 효능이 있다. 또한 철분이 들어 있어 체내에 산소를 운반하는 중요한 역할을 한다. 빈혈을 예방하는데도 큰 도움을 준다.

납작보리›› 납작보리는 탄수화물과 식이섬유, 비타민, 무기질 등이 풍부해 흰쌀밥보다 다양한 영양을 섭취할 수 있다. 특히 식이섬유 함량이 높아 장운동과 배변활동을 도와줘 다이어트 식품으로 좋다. 또한 프로안토시아니딘 성분이 암을 예방하는 기능을 한다.

Plus Tip

식재료 세척법

대부분의 채소와 과일은 농약을 사용해 재배되기 때문에 꼼꼼한 세척이 중요하다. 유기농, 무농약농산물, 저농약농산물 표기를 확인해서 구입하는 것을 가장 추천한다. 일반적으로는 물에 담가두었다가 손으로 흔들어 씻은 후 흐르는 물에 한 번 더 씻는 것이 가장 효과적이다. 또 다른 방법으로 저자는 채소와 과일을 씻을 때 50℃ 세척법을 활용한다.

50℃ 세척법이란?

일본의 온천지역에서부터 시작되었다고 알려진 50℃ 세척법은 채소와 과일을 50℃ 물에 세척하는 것을 말한다. 채소나 과일이 시들면서 수축되었던 기공이 순간적인 쇼크로 열리면서 수분을 흡수하는 원리다. 50℃는 식물 속 아밀라아제 효소를 활성시키고, 펙틴의 결합을 세분화시켜 탄력을 높이는데 적합한 온도다. 찬물로 여러 차례 반복해서 씻는 것보다 50℃ 물에 한 번 씻게 되면 시든 채소가 싱싱해지는 것은 물론, 겉에 묻은 이물질 제거에도 효과적이다.

식재료 보관법

채소나 과일은 바로바로 구입해서 소진하는 것이 가장 좋다. 하지만 부득이하게 보관을 해야 할 때는 서늘하고 공기가 잘 통하는 실온에 보관하는 것이 두 번째로 좋은 방법이다. 만약 장시간 보관을 해야 한다면 키친타월에 낱개로 싸서 지퍼백에 밀봉하여 김치냉장고나 일반 냉장고 채소 칸에 보관하는 것이 좋다.

INTRO 3

–

식재료 구입요령과 꼭 필요한 도구와 양념

장보기와 쿠킹 아이템

장보기

모든 식재료가 그렇지만 특히나 채소와 과일 등 생으로 자주 먹는 식재료들은 좋은 것을 선택하는 것부터 요리에 포함된다고 할 수 있다. 대부분의 채소와 과일은 유기농을 기본으로 장을 보는 편이다. 유기농을 구입할 때도 꼭 체크해야 할 표시가 있다. 유기농산물, 무농약농산물, 저농약농산물이다.

유기농 (ORGANIC) 농림축산식품부	**유기농산물**	유기합성농약과 화학비료를 일체 사용하지 않고 재배한 농산물을 말한다.
무농약 (NON PESTICIDE) 농림축산식품부	**무농약농산물**	유기합성농약을 일체 사용하지 않고, 화학비료는 권장 시비량의 $\frac{1}{3}$이내만 사용해 재배한 농산물을 말한다.
저농약농산물	**저농약농산물**	화학비료는 권장 시비량의 $\frac{1}{2}$이내, 농약 살포 횟수는 기준의 $\frac{1}{2}$이하를 적용해 재배한 농산물을 말한다.

강은경 식이운동지도사의 장보기 Tip

유기농농산물을 주로 판매하는 온오프 라인을 통해 장을 본다. 특히 채소, 과일, 곡류 등은 유기농을 구입한다. 그날 바로 사용할 양만큼 구입할 때는 근처 재래시장을 이용하는데, 원산지 등을 꼼꼼히 살펴야 하는 번거로움이 있지만 싱싱한 채소나 과일을 구입할 때는 좋다.

쿠킹 아이템 엿보기

써머믹스›› 정확하고 간편한 재료 계량이 가능하고, 차가운 스무디는 물론 뜨거운 수프도 온도 상관없이 바로 갈 수 있어서 편리하다. 100% 스테인리스로 되어 있어 식재료의 영양 손실을 최소화해주는 게 가장 큰 장점이다.

뉴트라이즈 냄비›› 외과 수술용으로 쓰이는 316 티타늄 스테인리스 스틸로 만들어진 뉴트라이즈 냄비 세트. 식재료가 닿는 안쪽으로 열을 고르게 분배하고, 열 보존력이 높아 조리가 잘될 뿐만 아니라 영양소 파괴를 줄여주고, 재료 각각의 맛과 향을 살려준다.

컷코›› 인체공학적으로 제작된 손잡이의 그립감이 좋아 단단한 재료를 썰 때도 안정감있게 사용할 수 있고, 예리한 절삭력으로 요리를 훨씬 쉽고 안전하게 도와주는 애정템이다.

소금누룩›› 채소를 절이거나 간을 할 때 사용하면 부드러운 감칠맛과 자연스러운 단맛을 낸다. 자연발효로 만든 소금누룩은 각종 미네랄과 비타민이 풍부해 면역력 강화에도 도움을 준다.

쌀꽃요거트›› 찹쌀과 쌀을 혼합해서 쌀누룩으로 발효시켜 만든 건강 음료. 무가당, 무첨가로 만들었고, 포도당이 20%나 함유되어 있어 피로회복과 다이어트, 혈액순환 등에 도움을 준다.

저염된장›› 48시간 동안 발효시켜 만든 쌀누룩을 주재료로 메주가루, 정제수, 정제염으로 2차 발효시킨 100여 가지 이상의 효소가 함유된 저염된장. 나트륨 함량이 일반 된장에 비해 $\frac{1}{6}$ 정도다.

전두부›› 콩을 삶거나 물에 불리지 않고 생콩을 껍질만 벗긴 채 통째로 미세분말화해 만든 두부. 비지까지 빼지 않고 담아낸 두부로 일반 두부보다 맛과 식감이 진하다. 단백질 함량이 높아 한 끼 식사로도 든든하다.

대추야자›› 우리나라에서는 재배되지 않는 대추야자. 대추랑 모양은 비슷하지만, 크기와 영양 성분이 다르다. 탄수화물, 마그네슘, 칼슘, 칼륨 함량이 높고, 단맛이 강해서 건강한 단맛을 낼 때 사용하면 좋다.

INTRO 4

–

누구나 알기 쉽게 가이드한다

이 책 200% 활용법 가이드

이런 점이 좋아요

「내 몸 살리는 4주 식습관 프로젝트」는 현대인들이 앓고 있는 여러 질병의 고민을 식습관을 통해서 개선시킬 수 있는 레시피를 제안하고 있다. 현대인들에게 꼭 필요한 '해독 프로그램', '면역 프로그램', '염증 프로그램', '항산화 프로그램', '만성피로 프로그램'으로 구성해 각각의 증상과 고민을 해결할 수 있는 레시피를 소개하고 있다.

레시피는 크게 스무디, 수프, 차, 식사로 구성되어 있으며, 이 구성을 책에서 제안하는 양대로 매일 섭취하기를 권장한다. 단, 실패의 두려움이 있거나 기존의 라이프스타일로 인해 실천이 어려운 사람을 위해 단계별로 실천할 수 있게 구분했다.

무리하게 시작했다가 포기하기보다는 단계별 실천 방법을 1회라도 실천해서 몸의 변화를 직접 경험해보기를 바라는 저자의 의도와 배려를 담았다. 자신에게 필요한 프로그램을 선택한 후 4주 프로그램만이라도 직접 체험해보기를 바란다.

이렇게 활용하세요

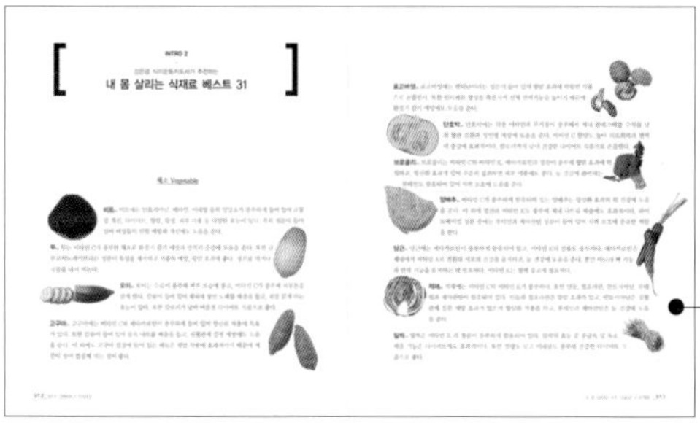

패키지 구성과 How to

해독 패키지 프로그램의 1일 메뉴 구성. 스무디, 수프, 차, 식사, 간식으로 구성되어 있다.

해독 프로그램이 어떤 효능이 있는지, 어떤 사람에게 필요한지를 소개. 이 부분을 읽고 자신에게 필요한 프로그램인지 체크한 후 선택한다.

가장 큰 효과를 위해서는 4~8주 동안 패키지 구성대로 메뉴만 바꿔가며 섭취하는 것이 좋다. 그러나 자신의 상태와 실천 가능성을 체크한 후 단계별로 실천할 수 있다. 단, 최소 4주 실천이 가장 중요한 포인트다.

식재료 이야기

파이토케미컬이 무엇인지, 왜 파이토케미컬 섭취가 중요한지에 대한 정보를 담았다. 자신에게 필요한 식재료를 선택하는 것이 중요하다.

이 레시피에 소개된 대표 식재료의 성분과 효능에 대한 설명을 담았다. 자신에게 필요한 식재료를 찾아보는 재미가 쏠쏠하다.

95가지 레시피

이 책에는 총 5개의 프로그램에 4가지 카테고리의 레시피를 총 95개 담고 있다. 이 책 속의 레시피만 일상생활에서 실천한다면, 건강한 삶을 유지할 수 있는 자신만의 시크릿 노하우가 된다.

PROGRAM 1_

해독 Detox

"단시간에 체중만 감량해주는 방법은 세상에 많아요.
우리 몸의 독소를 빼주고, 몸을 쉬게 해주는 해독 프로그램은
근본적인 건강을 잡아주고, 체중 감량은 덤입니다."

해독 프로그램 패키지

how to 해독 프로그램

해독 스무디 RECIPES 6

해독 수프 RECIPES 6

해독 차 RECIPES 3

해독 식사 RECIPES 4

해독 프로그램 패키지

해독 프로그램 실전편

해독 프로그램은 어떤 건가요?

몸속에 축적된 독소를 제거해 줌으로써 음식물을 섭취했을 때 체내 흡수를 돕고, 균형잡힌 영양을 공급해 세포의 기능을 활성화시켜주는 프로그램.

어떤 사람에게 추천하나요?

스트레스나 불규칙한 생활 패턴과 식습관, 인스턴트 음식 과다 섭취 등으로 쉽게 피로하거나 몸이 붓고, 체중이 증가하는 증상을 가지고 있는 사람. 한 마디로 표현하자면 '현대인이라면 누구나 다' 아닐까?

어떻게 실천하면 되나요?

난이도 3	4~8주 프로그램	매일 스무디 1개 + 수프 1개 + 차 2개 + 식사 1개 + 간식
난이도 2	4주 프로그램	아침 스무디 1개 + 차 1개 + 점심 일반식사 + 저녁 수프 + 간식
난이도 1	4주 프로그램	일반식 하면서 하루에 스무디만 2번 섭취

"비트 특유의 맛을 바나나가 잡아줘 누구나 좋아할 달콤하고 부드러운 맛입니다"

퍼플클렌징 스무디

재료

냉동바나나 1개, 찐 비트 150g, 블루베리(또는 아로니아) 75g, 레몬즙 1큰술, 생수 350cc, 햄프씨드 $\frac{1}{2}$큰술

만들기

1. 비트와 바나나는 적당한 크기로 썬다.
2. 믹서에 분량의 재료들을 넣고 곱게 간다.

cooking tip

비트는 알칼로이드 성분이 함유되어 있어 소량의 독성이 있기 때문에 익혀서 먹어야 체내 흡수가 잘 된다.

“양파껍질에는 항암 효과와 노화방지에 효과적인 케르세틴 성분이 풍부해요”

샐러리 클린 스무디

재료

해바라기씨 3큰술, 냉동바나나 2개, 샐러리 60g, 브로콜리파우더 1큰술, 양파껍질 달인 물 350cc
양파껍질 달인 물 (생수 1ℓ, 양파껍질 5g)

만들기

1. 생수와 양파껍질을 넣고 끓으면 중약불로 줄여 30분 정도 끓인 후 체에 밭친다.
2. 샐러리와 바나나는 적당한 길이로 썬다.
3. 믹서에 분량의 재료들을 넣고 곱게 간다.

cooking tip

양파껍질 달인 물 대신 양파즙으로 대체 가능하다.

"디톡스중 대표적 재료인 레몬을 과즙뿐 아니라 껍질까지 갈았어요"

레몬 디톡스 스무디

재료

찐 비트 250g, 당근 60g, 무 100g, 레몬 2개, 레몬껍질 1작은술, 사과 200g, 생수 500cc

만들기

1. 레몬은 껍질째 깨끗이 씻어서 제스터를 사용해 껍질을 준비하고 즙도 짠다. 무와 당근은 김이 오른 찜기에 10분 정도 익힌다. 사과는 씨를 제거하고 껍질째 적당한 크기로 썬다.
2. 믹서에 분량의 재료들을 넣고 곱게 간다. 생수로 농도를 조절한다.

"셀러리, 밀싹, 브로콜리파우더의 쌉쌀함을 키위가 달콤하고 부드럽게 해줘요"

키위 밀싹 스무디

재료

샐러리 75g, 키위 3개, 밀싹 30g, 브로콜리파우더 1$\frac{1}{2}$큰술, 코코넛워터 300cc

만들기

1. 샐러리는 잎과 줄기를 손질한 후 적당한 길이로 썰고, 키위는 껍질을 벗기고 4등분한다. 밀싹은 깨끗이 씻어 체에 밭친다.
2. 믹서에 분량의 재료들을 넣고 곱게 간다.

"생수 대신 녹차 우린 물로 만들어 항산화 효과를 높였어요"

슈퍼 그린 스무디

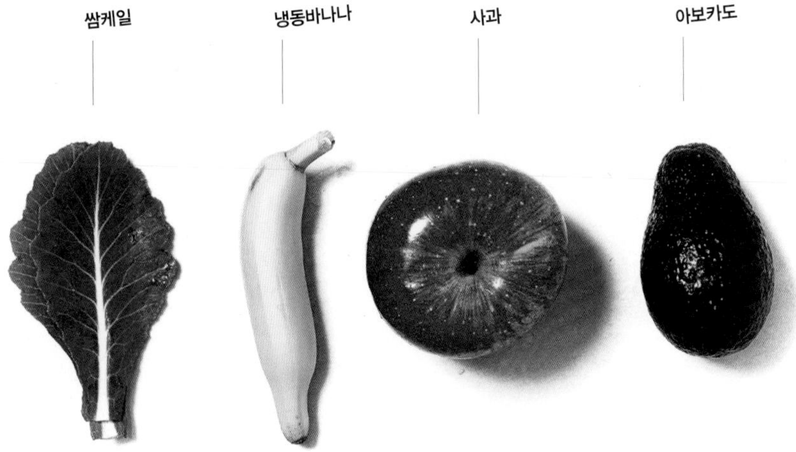

재료

쌈케일 50g, 냉동바나나 1개, 사과 1개, 아보카도 $\frac{1}{2}$개, 차가운 녹차 250cc, 아가베시럽 2큰술
녹차 우린 물 (90℃의 물 250cc, 녹차잎 1작은술)

만들기

1. 녹차는 우려내서 냉장 보관하고 사과는 씨를 제거하고, 아보카도는 껍질과 씨를 제거한 후 적당한 크기로 썬다. 바나나도 껍질을 까고 적당한 크기로 썬다. 쌈케일은 김이 오른 찜기에 살짝 찐 후 차게 식힌다.
2. 믹서에 분량의 재료들을 넣고 곱게 간다.
3. 아가베시럽으로 당도를 조절한다.

cooking tip

케일에 들어 있는 고이트로겐 성분은 장기간 복용할 경우 갑상선 기능을 방해하기 때문에 익혀서 섭취하는 것이 좋다.

"오렌지의 달콤함과 케일의 상쾌함이 어우러져 맛은 물론 기분전환까지 good"

오렌지 케일 스무디

재료

쌈케일 10장, 오렌지 2개, 사과 $\frac{1}{2}$개, 레몬즙 2큰술, 생수 100cc

만들기

1. 쌈케일은 김이 오른 찜기에 살짝 찐 후 차게 식힌다. 오렌지는 껍질을 벗기고 과육만, 사과는 씨를 제거하고 껍질째 적당한 크기로 썬다.
2. 믹서에 분량의 재료들을 넣고 곱게 간다.

"맛이 구수하고 목넘김이 부드러워 아이들도 함께 먹을 수 있어요"

녹두 퀴노아 수프

거피녹두

퀴노아

재료

거피녹두 1컵, 퀴노아 3큰술, 생수 600cc, 소금누룩 약간

만들기

1. 거피녹두는 3~4시간 물에 불린 후 체에 밭친다.
2. 냄비에 불린 녹두, 퀴노아, 생수를 붓고 끓기 시작하면 중약불에 20~30분 정도 삶는다.
3. ②가 익으면 믹서에 곱게 갈아 먹거나 그냥 먹어도 좋다. 소금누룩으로 간한다.

cooking tip

수프를 곱게 갈면 부드러워서 이유식으로도 좋다.

"고구마, 비트가 들어가 든든한 한 끼로 손색이 없어요"

디톡스 수프

재료

비트 200g, 고구마 150g, 샐러리 50g, 당근 100g, 양파 100g, 양파껍질 달인 물 500cc, 햄프씨드 2큰술, 소금누룩 $\frac{1}{2}$작은술, 레몬즙 약간

<u>양파껍질 달인 물</u> (생수 1ℓ, 양파껍질 5g)

만들기

1. 생수와 양파껍질을 넣고 끓으면 중약불로 줄여 30분 정도 끓인 후 체에 밭친다.
2. 냄비에 적당한 크기로 썬 모든 재료와 양파껍질 달인 물을 넣고 끓으면 중불에서 40분 정도 끓인다.
3. 믹서에 넣어 곱게 갈고 먹기 전에 소금누룩과 레몬즙을 넣어 먹는다.

cooking tip

고구마와 당근은 깨끗이 씻어 껍질째 사용한다.

“양파껍질 달인 물로 끓여 자연스러운 단맛이 속을 편안하게 해줘요”

비트 연근 수프

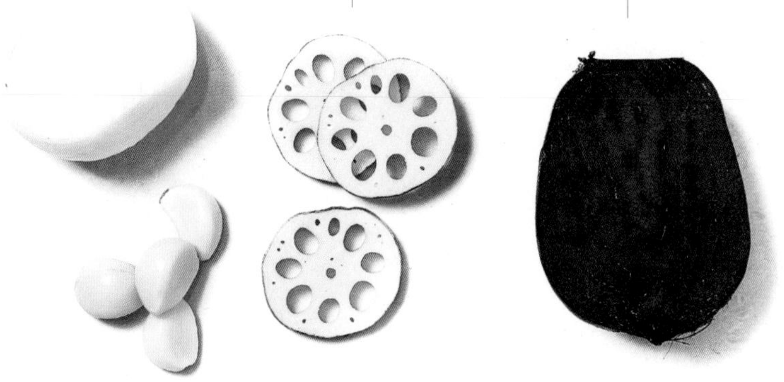

재료

양파 200g, 마늘 5알, 연근 100g, 비트 100g, 삶은 병아리콩 50g, 생캐쉬넛 $\frac{1}{2}$컵, 레몬즙 약간, 양파껍질 달인 물 3컵($\frac{1}{2}$컵 + 2$\frac{1}{2}$컵)

양파껍질 달인 물 (생수 1ℓ, 양파껍질 5g)

만들기

1. 비트, 연근은 껍질을 벗겨 마늘과 같이 얇게 썬다. 양파는 채썬다. 생캐쉬넛은 양파껍질 달인 물 중 $\frac{1}{2}$컵에 10분 이상 불린 후 곱게 간다.
2. 예열된 냄비에 양파껍질 달인 물을 약간 붓고 양파, 마늘을 충분히 볶다가 비트, 연근, 병아리콩, 곱게 갈아준 생캐쉬넛, 남은 양파껍질 달인 물 2$\frac{1}{2}$컵을 붓고 끓기 시작하면 중불에서 30분 정도 끓인다.
3. 믹서에 넣어 곱게 갈고 먹기 전에 레몬즙을 살짝 뿌린다.

"감칠맛을 살려주는 표고버섯 우린 물로 끓여 풍미를 살렸어요"

아스파라거스 수프

재료

아스파라거스 200g, 대파 170g, 표고버섯 우린 물 2컵

표고버섯 우린 물 (생수 600cc, 마른 표고버섯 10g)

만들기

1. 아스파라거스는 기둥의 질긴 부분은 자르고 껍질을 벗겨 3~4등분한다. 대파도 적당한 길이로 썬다.
2. 예열된 냄비에 대파를 충분히 볶다가 아스파라거스, 표고버섯 우린 물을 붓고 끓기 시작하면 중불에서 30분 정도 끓인다.
3. 믹서에 넣어 곱게 간다.

cooking tip

표고버섯 우린 물은 마른 표고버섯을 깨끗이 씻은 후 생수에 20분 정도 우린다.

"아몬드밀크의 고소함과 고구마, 양파의 단맛이 어우러져 가족 건강식으로도 손색없어요"

연근 양배추 수프

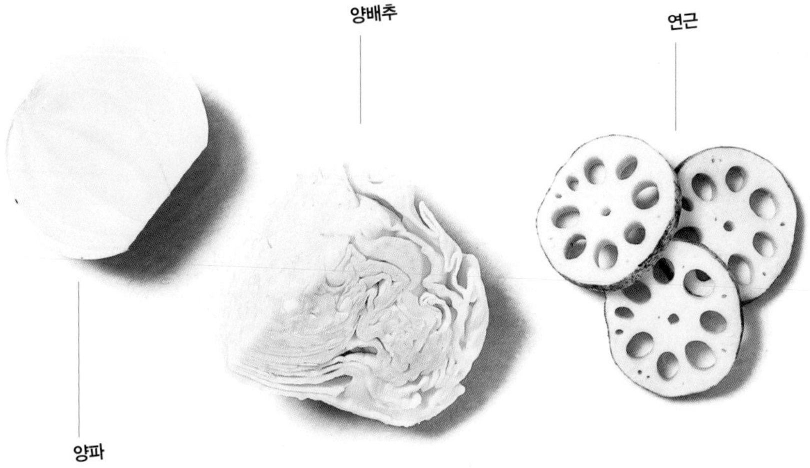

재료

양파 50g, 양배추 100g, 연근 150g, 고구마 50g, 생수 250cc, 아몬드밀크 100cc

아몬드밀크 (아몬드 $\frac{1}{2}$컵, 생수 2컵)

만들기

1. 생수에 아몬드를 20분 정도 불린 후 믹서에 곱게 갈아 아몬드밀크를 만든다.
2. 연근은 껍질을 까서 얇게 썰고, 양배추는 심을 제거하고, 고구마는 껍질째 양파와 같이 적당한 크기로 썬다.
3. 냄비에 모든 재료를 넣고 끓기 시작하면 중약불로 30분 정도 끓인다.
4. 믹서에 넣어 곱게 간다.

cooking tip

아몬드밀크 대신에 유기농 우유나 두유로 대체 가능하다.

"단백질이 풍부한 수프로 아이들이나 어르신들 간식으로 좋아요"

콩 비트 수프

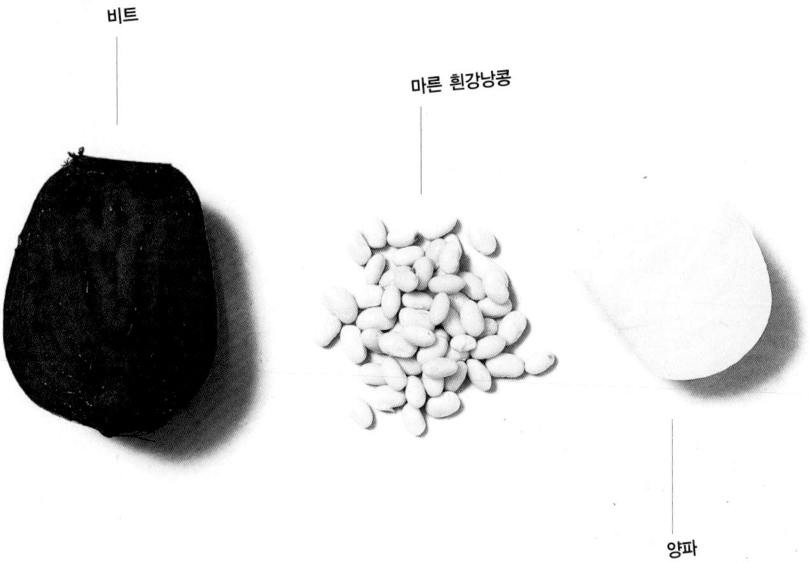

재료

비트 150g, 마른 흰강낭콩 25g(불린 콩 70g), 양파 100g, 표고버섯 우린 물 350cc, 고구마 100g
표고버섯 우린 물 (생수 600cc, 마른 표고버섯 10g)

만들기

1. 생수에 마른 표고버섯을 넣고 20분 이상 우려 표고버섯 우린 물을 만든다. 마른 흰강낭콩은 8시간 이상 불린 후 30분 정도 삶는다. 비트와 양파는 껍질을 벗기고, 고구마는 껍질째 적당한 크기로 썬다.
2. 냄비에 모든 재료를 넣고 끓기 시작하면 중약불로 30분 정도 끓인다.
3. 믹서에 넣어 곱게 간다.

cooking tip

한 번 만든 표고버섯 달인 물은 냉장 보관해서 5일 정도 사용이 가능하다.

"강렬한 비트 컬러가 기분전환에도 딱 좋아요"

비트 레몬차

비트차

레몬

재료

비트차 2큰술, 레몬 슬라이스 2쪽, 생수 600cc

만들기

1. 생수를 90℃로 끓여 비트차를 넣고 5~10분 정도 우린 후 건져낸다.
2. 비트 우린 물에 레몬 슬라이스를 넣고 20분 정도 더 우린다.

cooking tip

비트차에 레몬을 띄우면 해독 작용과 상큼함이 더해진다.

"알싸한 생강맛과 상큼한 레몬맛, 달달한 시나몬향이 어우러져 풍미가 좋아요"

레몬 생강차

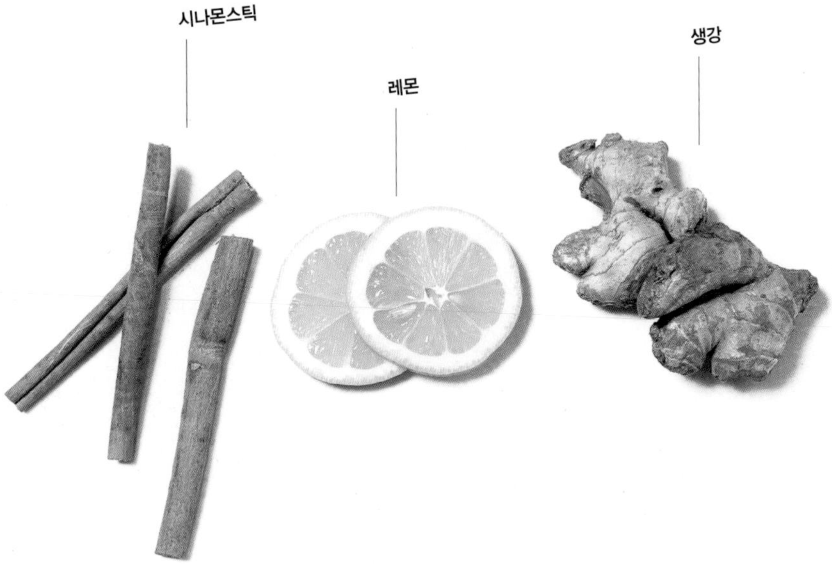

재료

시나몬스틱 1~2개, 레몬 120g, 생강 30g, 생수 4~5컵

만들기

1. 레몬과 생강은 얇게 슬라이스한다. 시나몬스틱은 깨끗이 씻는다.
2. 생강과 시나몬스틱을 생수에 넣고 끓으면 약불로 줄여 20분 정도 끓인다.
3. 불을 끈 후 레몬 슬라이스를 넣고 20분 정도 더 우린다.

cooking tip

시나몬스틱은 이물질이 많이 묻어 있으니 깨끗이 씻는다.

"오미자의 오묘한 맛과 비트의 컬러가 더해져 눈과 입이 즐거워요"

오미자 비트차

재료

비트차(비트차 1큰술, 생수 500cc), 오미자물(마른 오미자 1큰술, 생수 500cc)

만들기

1. 마른 오미자는 물 샤워시킨 후 생수에 넣고 10시간 우린다.
2. 생수를 90℃로 끓여 비트차를 넣고 5~10분 정도 우린 후 건져낸다.
3. 우린 오미자물과 비트차를 섞어서 마신다.

cooking tip

오미자의 다섯가지 맛과 비트의 구수한 맛이 조화롭게 어울린다.

"배불리 먹고, 몸은 가벼워지는 일석이조 메뉴입니다"

해독 샐러드

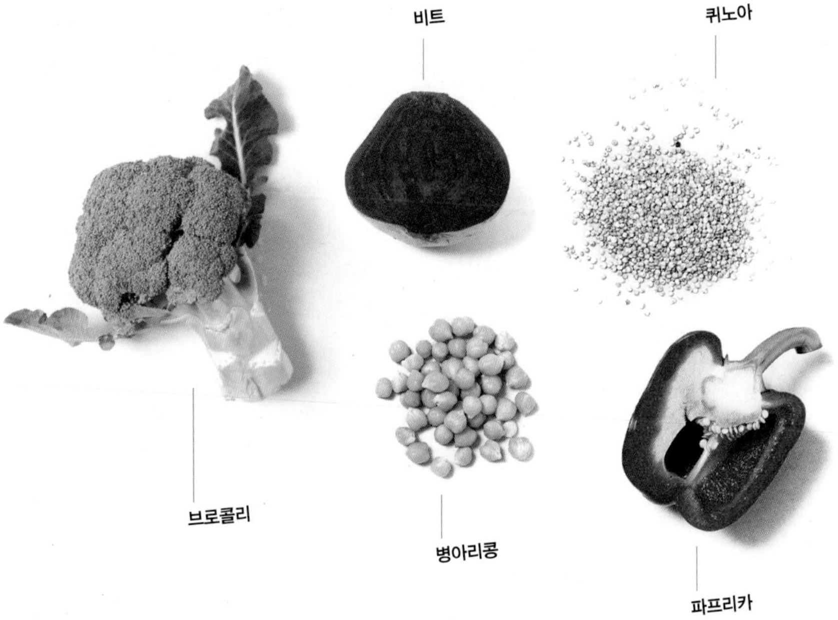

재료

브로콜리 $\frac{1}{4}$개, 비트 $\frac{1}{4}$개, 병아리콩 $\frac{1}{2}$컵, 퀴노아 $\frac{1}{2}$컵, 빨간 파프리카 $\frac{1}{2}$개, 양상추 $\frac{1}{3}$통, 아보카도 $\frac{1}{2}$개, 드레싱

드레싱 (발사믹식초 3큰술, 엑스트라버진 올리브오일 2큰술, 아가베시럽 4작은술, 디종 머스터드 1작은술, 소금누룩 $\frac{1}{2}$작은술, 후춧가루 약간)

만들기

1. 퀴노아는 삶은 후 체에 밭친다. 병아리콩은 8시간 불린 후 30분 이상 삶아 체에 밭친다. 비트는 껍질째 스티머에 1시간 정도 충분히 익힌 후 껍질을 벗기고 적당한 크기로 썬다. 브로콜리는 식초물에 담가 생수로 씻은 후 먹기 좋게 뜯어 저수분으로 익힌다. 파프리카, 아보카도, 양상추도 먹기 좋은 크기로 썬다.
2. 접시에 양상추, 아보카도, 파프리카와 익힌 브로콜리, 병아리콩, 비트, 퀴노아를 올린다.
3. 드레싱 재료를 분량대로 섞어 차게 식힌 후 샐러드에 곁들인다.

"손님 초대음식으로도 손색없는 일품요리같아요"

토마토 브로콜리찜

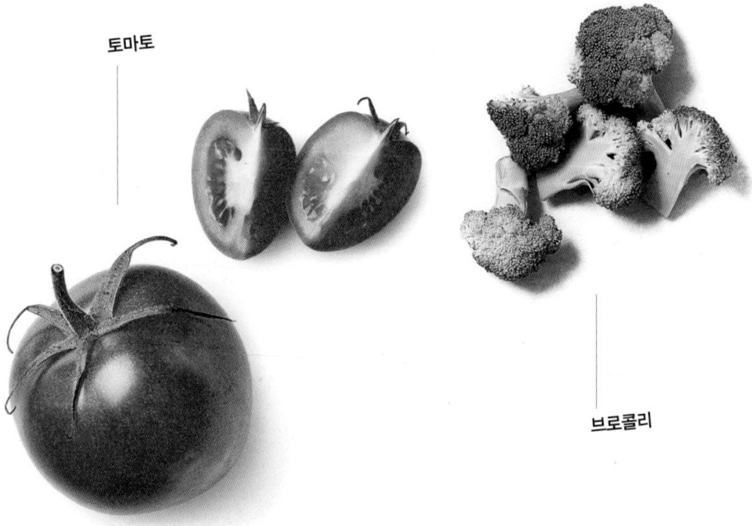

재료

완숙토마토 1~2개, 브로콜리 $\frac{1}{2}$송이, 베이비채소, 햄프씨드 $\frac{1}{2}$큰술, 대추야자시럽 $\frac{1}{2}$큰술, 드라이 바질 $\frac{1}{2}$작은술

만들기

1. 완숙토마토는 꼭지를 도려내고 밑동을 도려낸 후 위 부분에 십자모양으로 깊숙이 칼집을 낸다. 브로콜리는 먹기 좋은 크기로 잘라 깨끗이 씻는다.
2. 냄비에 물샤워를 시킨 토마토, 브로콜리를 넣고 뚜껑 덮어 약 10~15분간 저수분으로 익힌다.
3. 토마토는 껍질을 벗겨 브로콜리와 같이 접시에 올리고 햄프씨드, 대추야자시럽, 드라이 바질을 뿌린다.

"진한 전두부가 들어가 든든한 한 끼 식사로 그만이죠"

방울양배추 두부 샐러드

재료

방울양배추 200g, 방울토마토 100g, 전두부 $\frac{1}{2}$모, 베이비채소 50g, 구운 아몬드 10알, 드레싱

드레싱 (레몬오일 4큰술, 아가베시럽 1큰술)

만들기

1. 방울양배추는 깨끗이 씻어 2등분하여 김이 오른 찜기에 아삭하게 찐다. 방울토마토는 2등분하고, 전두부는 깍둑썰기한다.
2. 접시에 방울토마토, 방울양배추, 전두부, 베이비채소, 구운 아몬드를 올리고 분량의 재료를 섞은 드레싱을 뿌린다.

"담백하고 부드러워 소화도 잘 돼서 남녀노소 누구나 좋아하죠"

전두부드레싱 샤브샐러드

재료

닭가슴살 200g, 상추 10장, 당근 $\frac{1}{2}$개, 소금누룩 약간, 드레싱
<u>드레싱</u> (전두부 100g, 간장 1큰술, 설탕 $\frac{1}{2}$큰술, 식초 $\frac{1}{2}$큰술, 참기름 $\frac{1}{2}$큰술, 다진 파 2큰술)

만들기

1. 닭가슴살은 50℃의 뜨거운 물에 씻은 후 소금누룩으로 밑간해서 필러로 얇게 썬 당근과 함께 저수분으로 익힌다. 상추는 냉수에 담갔다가 물기를 빼고 한입크기로 뜯는다.
2. 두부는 곱게 으깬 후 나머지 재료를 넣고 섞어 두부드레싱을 만든다.
3. 접시에 상추, 익힌 닭가슴살, 당근을 담고 드레싱을 곁들여 낸다.

PROGRAM 2_

면 역 I m m u n i t y

"현대인의 모든 질병의 원인은 '면역'이라고 해도
과언이 아닐 정도로 만병의 근원이죠.
면역력만 키워도 모든 질병과 더 나아가 암 예방까지도
할 수 있다고 하니, 면역 관리는 현대인의 필수입니다."

면역 프로그램 패키지

how to 면역 프로그램

면역 스무디 RECIPES 6

면역 수프 RECIPES 6

면역 차 RECIPES 3

면역 식사 RECIPES 4

면역 프로그램 패키지

면역 프로그램 실전편

면역 프로그램은 어떤 건가요?

면역은 몸 안에서 나와 남을 정확히 식별해 남을 제거하는 인체의 중요한 기능인데, 이 기능이 떨어지면 각종 바이러스, 곰팡이, 암세포 등과 같은 내 몸의 것이 아닌 물질들이 활성화되면서 각종 질병에 걸리게 된다. 이 프로그램을 통해 내 몸 속 나의 것을 활성화시키기 위해 면역력을 높여주는 프로그램.

어떤 사람에게 추천하나요?

감기에 자주 걸리는 등 잔병치레가 잦고, 불규칙한 생활로 인해 늘 피곤한 사람.
또는 급격한 체중 감량으로 면역력이 떨어진 사람에게 추천.

어떻게 실천하면 되나요?

난이도 3	4~8주 프로그램	매일 스무디 1개 + 수프 1개 + 차 2개 + 식사 1개 + 간식
난이도 2	4주 프로그램	아침 스무디 1개 + 차 1개 + 점심 일반식사 + 저녁 수프 + 간식
난이도 1	4주 프로그램	일반식 하면서 하루에 스무디만 2번 섭취

“소금누룩이 들어가 영양은 높이고, 자연스러운 맛의 밸런스까지 맞춰줘요”

토마토 스무디

재료

완숙토마토 600g, 대추야자 2개, 당근 100g, 빨강파프리카 ½개, 햄프씨드 2큰술, 소금누룩 1작은술

만들기

1. 토마토는 꼭지 부분을 도려내고 윗부분은 십자로 칼집을 넣고, 빨강파프리카는 씨를 제거한다. 당근은 껍질째 깨끗이 씻은 후 적당한 크기로 썰어 손질한 토마토, 빨강파프리카와 같이 저수분으로 중불에서 15분 정도 익힌다.
2. 믹서에 분량의 재료들을 넣고 곱게 간다.

"수박의 상큼하고 시원한 맛이 기분까지 상쾌하게 해줘요"

수퍼푸드 ORAC 스무디

재료

수박 500g, 아사히베리파우더 2큰술, 브로콜리파우더 1큰술, 샐러리 10g, 햄프씨드 3큰술

만들기

1. 수박은 씨와 껍질을 제거해 과육만 준비하고, 샐러리는 적당한 길이로 썬다.
2. 믹서에 분량의 재료들을 넣고 곱게 간다.

"기운 없을 때 한 잔 마시면 배도 든든, 에너지도 UP UP!"

면역 업 스무디

재료

사과 200g, 완숙토마토 450g, 브로콜리파우더 1큰술, 샐러리 15g

만들기

1. 토마토는 꼭지 부분을 도려내고 윗부분은 십자로 칼집을 넣고 냄비에 저수분으로 중불에서 15분 정도 익힌 후 껍질을 벗겨 한입크기로 썬다. 사과는 씨를 제거하고 껍질째 한입크기로 썬다. 샐러리는 깨끗이 씻어 적당한 길이로 썬다.
2. 믹서에 분량의 재료들을 넣고 곱게 간다.
3. 브로콜리파우더는 먹기 직전에 섞는다.

"새콤달콤한 과일들이 기분전환에 아주 좋아요"

후르츠 스무디

재료

100% 오렌지주스 2컵, 냉동망고 50g, 냉동바나나 2개, 아보카도 $\frac{1}{2}$개

만들기

1. 아보카도는 껍질과 씨를 제거한 후 적당한 크기로 썬다.
2. 믹서에 분량의 재료들을 넣고 곱게 간다.

"한 끼 식사로도 손색이 없는 든든한 스무디랍니다"

흰강낭콩 스무디

재료

삶은 흰강낭콩 200g, 아몬드밀크 600cc, 냉동바나나 2개, 코코아파우더 1큰술, 소금누룩 약간, 아가베시럽 약간

흰강낭콩 삶기 (마른 흰강낭콩 60g, 생수 4~5컵)

아몬드밀크 (아몬드 ½컵, 생수 2컵)

만들기

1. 마른 흰강낭콩은 8시간 이상 불린 후 끓는 물에 30~40분 정도 삶는다.
2. 생수에 아몬드를 20분 정도 불린 후 믹서에 곱게 갈아 아몬드밀크를 만든다.
3. 믹서에 분량의 재료들을 넣고 곱게 간다.
4. 소금누룩, 아가베시럽으로 간과 당도를 조절해서 섞어 마신다.

"딸기의 새콤달콤함이 쌀꽃요거트의 부드러움과 어우러져 계속 마시고 싶어져요"

쌀꽃요거트 딸기 스무디

재료

쌀꽃요거트 600cc, 딸기 200g, 치아씨드 1큰술

만들기

1. 쌀꽃요거트와 딸기를 믹서에 넣고 곱게 간다.
2. 컵에 ①을 붓고 치아씨드를 넣어 마신다.

cooking tip

쌀꽃요거트는 쌀누룩을 발효시켜 만든 무가당, 무첨가 건강 발효 음료다.

“단호박의 부드러움과 양파가 가진 천연 단맛의 조화가 일품입니다”

양파 단호박 수프

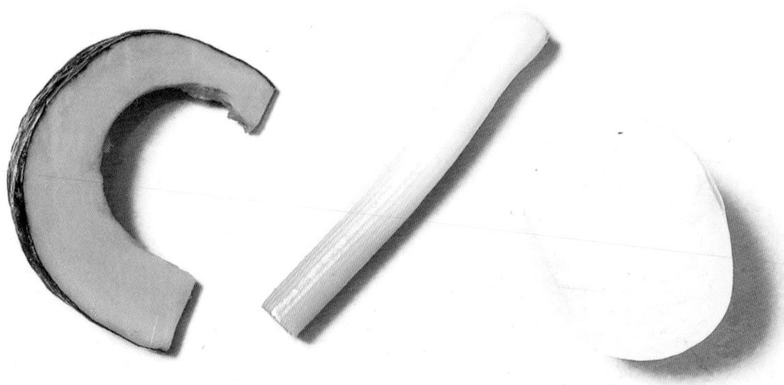

재료

단호박 75g, 대파 흰대 50g, 양파 300g, 햄프씨드 2~2½작은술, 양파껍질 달인 물 1컵, 소금누룩 약간

양파껍질 달인 물 (생수 1ℓ, 양파껍질 5g)

만들기

1. 생수와 양파껍질을 넣고 끓으면 중약불로 줄여 30분 정도 끓인 후 체에 밭친다. 양파와 대파는 채썰고, 단호박은 씨를 제거하고 껍질째 적당한 크기로 썬다.
2. 냄비에 양파껍질 달인 물을 약간 붓고 양파, 대파가 투명한 색깔이 나오도록 충분히 볶다가 단호박, 햄프씨드, 양파껍질 달인 물을 붓고 끓기 시작하면 중불에 30분 정도 끓인다.
3. 믹서에 넣어 곱게 갈고 먹기 전에 소금누룩으로 간한다.

cooking tip

양파와 대파를 충분히 볶게 되면 단호박의 단맛과 어우러져 깊은 맛이 난다.

“포만감이 풍부해 한 끼 식사는 물론 영양 간식으로도 좋아요”

우엉 수프

재료

우엉 150g, 양송이버섯 60g, 양파 100g, 아몬드밀크 100cc, 해바라기씨유 ½큰술,
채소 우린 물 2컵, 소금누룩 약간, 검정깨 약간
아몬드밀크 (아몬드 ½컵, 생수 2컵)
채소 우린 물 (무 200g, 대파 2대, 양파 200g, 마른 표고버섯 4개, 마늘 5알, 다시마 10×10㎝, 생수 3ℓ)

만들기

1. 채소 우린 물 재료를 냄비에 넣고 끓으면 다시마는 건져내고 1시간 정도 끓인 후 체에 밭친다. 우엉은 껍질을 벗기고 어슷썬다. 양파는 채썰고, 양송이버섯은 편썬다.
2. 예열된 냄비에 해바라기씨유를 두르고 양파를 충분히 볶는다. 우엉과 양송이버섯을 넣고 볶다가 채소 우린 물을 붓고 우엉이 무를 때까지 끓이다가 아몬드밀크를 넣고 다시 한 번 푹 끓인다.
3. 믹서에 넣어 곱게 갈고 먹기 전에 소금누룩으로 간하고 그릇에 담은 후 검정깨로 장식한다.

"완숙토마토의 자연스러운 단맛이 각종 채소의 맛과 잘 어우러지게 해줘요"

라온 수프

재료

완숙토마토 200g, 당근 100g, 샐러리 35g, 양파 65g, 대파 30g, 퀴노아 1큰술,
표고버섯 우린 물 200cc, 소금누룩 약간
표고버섯 우린 물 (생수 600cc, 마른 표고버섯 10g)

만들기

1. 생수에 마른 표고버섯을 넣고 20분 이상 우려 표고버섯 우린 물을 만든다. 퀴노아는 씻어 체에 밭치고, 샐러리는 잎과 줄기를, 당근과 토마토는 껍질째, 양파도 적당한 크기로 썬다.
2. 냄비에 모든 재료를 넣고 끓기 시작하면 중약불에서 40분간 끓인다.
3. 믹서에 넣어 곱게 갈고 먹기 전에 소금누룩으로 간을 한다.

cooking tip

토마토는 덜 익은 것보다 완숙토마토에 라이코펜의 함량이 더 높다.

"각종 채소의 시원한 맛과 햄프씨드의 고소한 맛이 어우러져 부드러워요"

당근 무 햄프씨드 수프

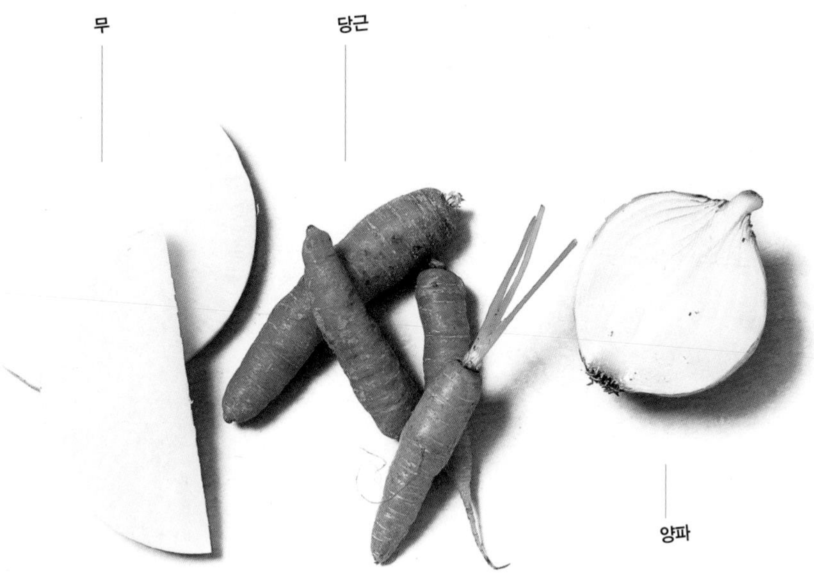

재료

무 100g, 당근 300g, 양파 200g, 양파껍질 달인 물 500cc, 햄프씨드 2큰술, 소금누룩 약간
양파껍질 달인 물 (생수 1ℓ, 양파껍질 5g)

만들기

1. 생수와 양파껍질을 넣고 끓으면 중약불로 줄여 30분 정도 끓인 후 체에 밭친다.
   당근과 무는 껍질째, 양파도 적당한 크기로 썬다.
2. 냄비에 모든 재료를 넣고 끓기 시작하면 중약불에서 30분 정도 끓인다.
3. 믹서에 넣어 곱게 갈고 소금누룩으로 간한다.

cooking tip

수프는 끓인 후에 갈아주는 과정이 있으므로 재료는 적당한 크기로 편하게 썬다.

"단백질이 풍부한 식재료로 만들어 면역력과 근력에 도움을 줘요"

단호박 병아리콩 수프

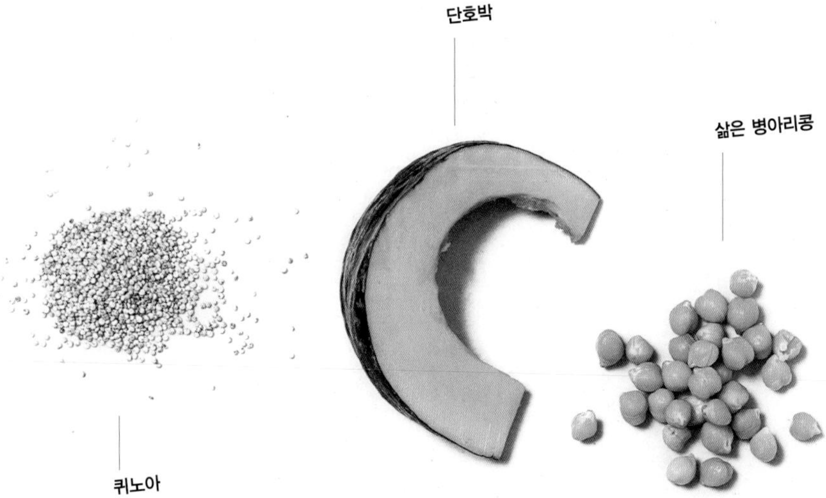

재료

단호박 600g, 생수 1000cc, 삶은 병아리콩 200g, 퀴노아 3큰술, 소금누룩 2작은술

만들기

1. 단호박은 씨를 제거한 후 껍질째 깍뚝썰기하고, 퀴노아는 씻어서 체에 밭친다.
2. 냄비에 모든 재료를 넣고 끓기 시작하면 중약불에서 30분 정도 끓인다.
3. 믹서에 넣고 곱게 갈아 소금누룩으로 간한다.

cooking tip

병아리콩은 넉넉히 삶아서 냉동 보관 후 활용하면 편하다.

"항암 효과에 좋은 마늘과 표고버섯 우린 물로 만들었어요"

파이토 수프

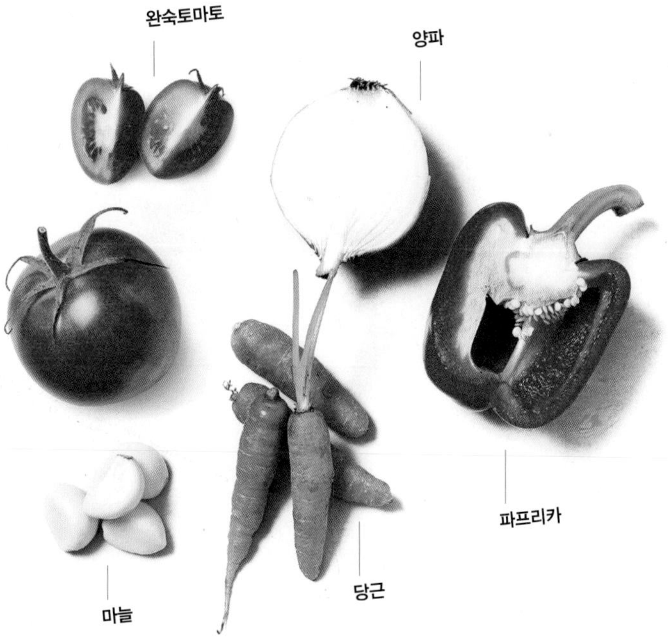

재료

완숙토마토 350g, 마늘 1알, 당근 100g, 양파 120g, 빨강파프리카 200g,
표고버섯 우린 물 500cc, 햄프씨드 오일 $\frac{1}{2}$큰술, 드라이 바질 $\frac{1}{2}$작은술
<u>표고버섯 우린 물</u> (생수 600cc, 마른 표고버섯 10g)

만들기

1. 생수에 마른 표고버섯을 넣고 20분 이상 우려 표고버섯 우린 물을 만든다.
   당근은 껍질째, 파프리카는 꼭지와 씨를 제거하고, 토마토는 꼭지를 떼고, 양파와 마늘과 같이 적당한 크기로 썬다.
2. 예열된 냄비에 마늘, 양파, 표고버섯 우린 물을 조금 넣고 충분히 볶다가 당근, 토마토, 파프리카, 남은 표고버섯 우린 물을 붓고 끓으면 중불로 줄여 30분 정도 끓인다.
3. 믹서에 넣어 곱게 갈고 먹기 전에 햄프씨드 오일과 드라이 바질을 살짝 뿌린다.

cooking tip

파이토 수프에 햄프씨드 오일을 넣으면 흡수율이 좋아진다.

"몸의 체온을 높이는 생강은 면역력을 강화시키는 좋은 식재료 중 하나입니다"

생강 대추차

재료

생강 50~70g, 대추 10알, 생수 750cc, 팜슈가 10g

만들기

1. 생강은 얇게 슬라이스하고, 대추는 깨끗이 씻는다.
2. 슬라이스한 생강과 대추를 생수에 넣고 끓으면 중약불로 줄여 30분 정도 끓인다.
3. 팜슈가로 단맛을 조절한다.

cooking tip

팜슈가(야자당)는 폴리페놀, 비타민, 미네랄, 칼륨이 풍부하게 함유되어 있어 음료에 설탕 대신 사용하면 좋다.

"비타민 C가 풍부한 감잎차는 평소에 수시로 마시면 감기 예방에 좋아요."

감잎차

재료

말린 감잎 3~5g, 생수 200cc

만들기

1. 생수를 90℃로 끓여 감잎을 넣고 5분 정도 우려낸 후 마신다.

cooking tip

감잎차는 5~6월에 수확한 어린 감잎으로 만든 차이다. 비타민 A, C가 풍부해 면역강화에 도움을 준다.

"녹차는 여러 가지가 섞여 있는 티백보다는 잎으로 우려서 마시는 게 더 효과적입니다"

녹차

재료

녹차잎(우전, 세작, 곡우 등) 6g, 생수 200cc

만들기

1. 생수를 80~90℃로 끓여 녹차잎을 넣고 2분 정도 우려낸 후 마신다.

cooking tip

녹차의 카테킨 성분은 소염, 해독작용 그리고 우리 몸속에 있는 활성산소를 제거하는 효능이 있다.

"각종 채소를 튀기거나 볶지 않고 쪄서 본연의 맛과 향을 그대로 느낄 수 있어요"

채소버섯찜과 저염된장소스

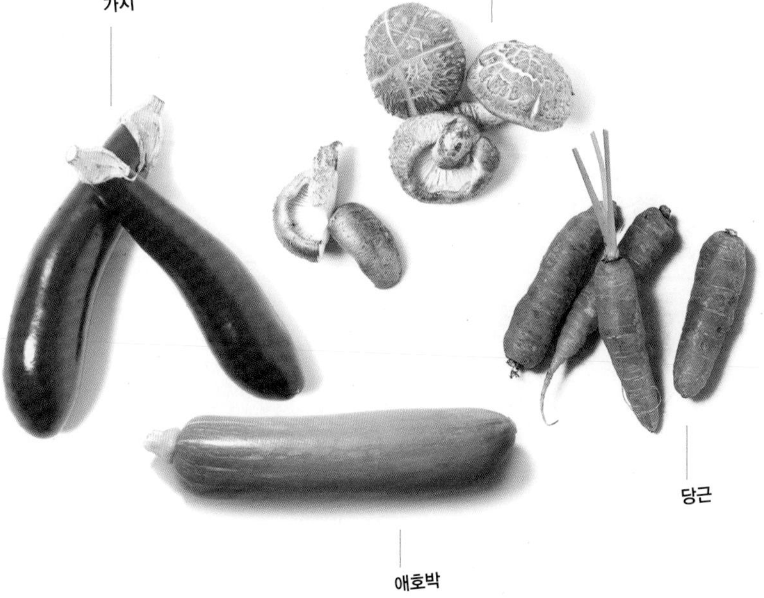

재료

가지 1개, 생표고버섯 6개, 애호박 ½개, 당근 ½개, 저염된장소스, 양배추 적당량
저염된장소스 (저염된장 3큰술, 아몬드가루 2큰술, 전두부 1모, 다진 양송이버섯 3큰술, 다진 청양고추 1큰술, 다진 양파 2큰술, 다진 마늘 1작은술)

만들기

1. 표고버섯, 애호박, 당근, 가지는 모두 채썬다.
2. 냄비에 각종 채소와 버섯을 돌려 담고 뚜껑을 덮은 후 저수분으로 살짝 익힌다. 양배추는 스티머에 살짝 찐다.
3. 냄비에 다진 마늘과 양파를 볶다가 다진 청양고추, 다진 양송이버섯, 으깬 전두부, 아몬드가루를 넣어 고슬고슬하게 물기 없이 볶아 소스를 만든다.
4. 접시에 찐 양배추와 익힌 채소, 버섯을 담고 저염된장소스를 곁들인다.

"소금누룩으로 간을 한 연어는 간은 물론 감칠맛까지 살려줘요"

연어를 곁들인 토마토 채소볶음

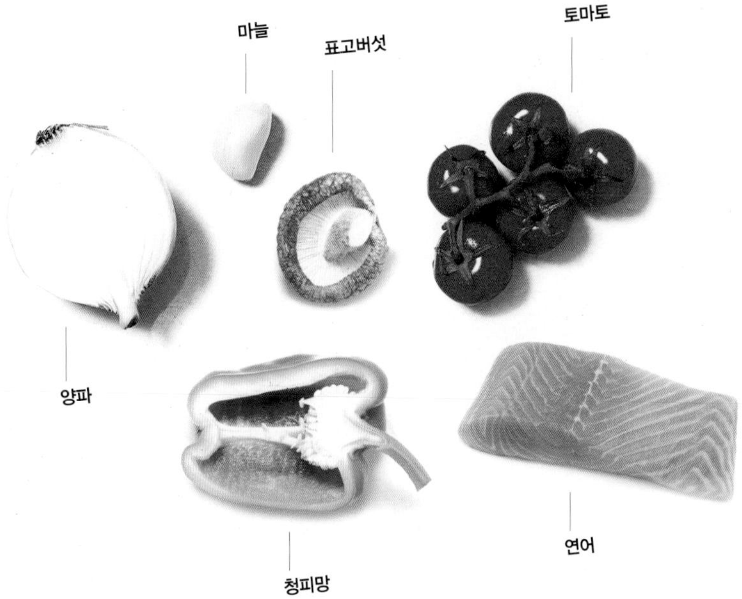

재료

생연어 250g, 완숙토마토 2개, 양파 50g, 청피망 $\frac{1}{4}$개, 생표고버섯 1개, 마늘 1알, 노랑파프리카 $\frac{1}{4}$개
연어 밑간 (소금누룩 25g, 후춧가루 약간)
토마토볶음 양념 (아가베시럽 $\frac{1}{2}$큰술, 칠리 파우더 $\frac{1}{2}$작은술, 케이안페이퍼 $\frac{1}{4}$작은술, 드라이 바질 $\frac{1}{4}$작은술, 소금누룩 약간, 올리브오일 $\frac{1}{2}$큰술)

만들기

1. 연어는 1인분 크기로 잘라 소금누룩, 후춧가루를 뿌려 밑간한 후 예열된 팬에 앞뒤로 노릇하게 굽는다.
2. 토마토는 꼭지를 떼고 위에 열십자로 칼집을 낸 후 냄비에 저수분으로 익혀 껍질을 벗긴다.
3. 토마토와 양파, 가지, 파프리카, 표고버섯은 0.5×0.5㎝ 크기로 썰고, 마늘은 슬라이스한다.
4. 예열된 팬에 토마토와 마늘과 양파를 먼저 볶다가 버섯, 피망, 파프리카 순으로 넣고 볶은 후 양념을 넣어 버무린다.
5. 접시에 구운 연어와 토마토 채소볶음을 담아낸다.

"형형색색 채소들과 노란 강황밥으로 만든 김밥은 맛은 물론 눈까지 즐거워집니다"

영양김밥

재료

우엉 300g(저염간장 1큰술, 아가베시럽 1큰술), 표고버섯 10개(국간장 2작은술), 무 200~300g, 당근 1개, 시금치 200g(국간장, 다진 마늘 약간), 유정란 3개(드라이 바질 1큰술, 소금 약간), 쌀 2컵, 강황쌀 4큰술, 생수 2$\frac{1}{3}$컵, 깻잎 20장, 김밥용 김 10장

강황밥 밑간 (참기름 1큰술, 소금누룩 약간)

비트 단촛물 (비트채 50g, 생수 1컵, 유기농설탕 3큰술, 사과식초 3큰술, 소금 1작은술)

만들기

1. 쌀과 강황쌀, 생수를 넣고 고슬하게 밥을 지어 밑간한다.
2. 무는 김밥용 단무지의 두께와 길이로 썬 다음 비트단촛물을 넣어 하룻밤 재운다. 팬에 곱게 채썬 우엉과 저염간장, 아가베시럽을 넣고 조린다. 표고버섯은 채썰어 국간장을 넣고 볶는다. 유정란은 드라이 바질, 소금을 넣고 지단을 부친다. 해바라기씨유를 두른 팬에 채썬 당근을 볶다가 누룩소금으로 간한다. 시금치는 저수분으로 익혀 꼭 짠 후 국간장과 다진 마늘을 넣고 무친다.
3. 김밥용 김에 밑간한 강황밥을 깔고 깻잎, 당근, 비트단무지, 표고버섯, 달걀지단, 우엉, 시금치 순으로 올리고 만다.

"토마토의 상큼함과 바질의 향긋함이 더해져 입안이 상쾌해지는 맛이랍니다"

토마토 샐러드

재료

토마토 250g, 바질 3~4잎, 드레싱

<u>드레싱</u> (올리브오일 $1\frac{1}{2}$큰술, 유기농 설탕 2~$2\frac{1}{2}$작은술, 소금누룩 $\frac{1}{4}$작은술, 식초 1큰술, 다진 양파 1큰술, 후춧가루 약간)

만들기

1. 분량의 드레싱 재료들을 볼에 담고 잘 섞는다.
2. 토마토는 얇게 슬라이스하고, 바질은 반을 채썰고, 나머지는 잎째 사용한다.
3. 토마토와 바질에 드레싱을 넣고 버무려 하룻밤 재운다.

cooking tip

익지 않은 토마토를 슬라이스해서 드레싱에 하룻밤 재우게 되면 토마토가 빨갛게 숙성되어 있다.

PROGRAM 3_

염 증 I n f l a m m a t i o n

"최근 매스컴을 통해 자주 등장하는 '염증', '만성 염증', '급성 염증'.
우리 몸속 각 기관에 염증이 발생하면 질병뿐 아니라
각종 암의 원인이 됩니다. 몸속 염증을 줄이는 식습관만으로도
다양한 질병을 예방할 수 있습니다."

염증 프로그램 패키지

how to 염증 프로그램

염증 스무디 RECIPES 6

염증 수프 RECIPES 6

염증 차 RECIPES 3

염증 식사 RECIPES 4

아몬드
염증완화물
찐 단호박
발누룩으로 만든
천연발효 식물성 요거트
쌀꽃
요거트
200ml
블루베리 코코넛 스무디
콜리플라워 수프
쌀꽃요거트
전두부 스크램블

염증 프로그램 패키지

염증 프로그램 실전편

염증 프로그램은 어떤 건가요?

각종 염증, 만성 염증은 암을 일으키는 주된 원인이다. 아토피, 비염, 습진, 관절염, 근육염 등 만성 염증에 시달리는 경우, 우리 몸의 면역력을 올리고 염증 조절을 할 수 있는 음식을 먹는 식이요법이 필수다. 염증 프로그램을 통해 염증은 물론 항암 효과까지 기대할 수 있다.

어떤 사람에게 추천하나요?

아토피, 비염 등 완치가 어려운 일명 '현대인병'을 앓고 있거나, 지나친 인스턴트 음식을 자주 섭취하는 사람에게 추천. 불규칙한 생활습관을 반복적으로 하는 사람에게도 도움을 준다.

어떻게 실천하면 되나요?

난이도 3	4~8주 프로그램	매일 스무디 1개 + 수프 1개 + 차 2개 + 식사 1개 + 간식
난이도 2	4주 프로그램	아침 스무디 1개 + 차 1개 + 점심 일반식사 + 저녁 수프 + 간식
난이도 1	4주 프로그램	일반식 하면서 하루에 스무디만 2번 섭취

"물 대신 코코넛워터를 넣으면 자연스러운 단맛은 물론 영양소의 흡수를 도와줘요"

블루베리 코코넛 스무디

재료

코코넛워터 2컵, 블루베리 300g, 냉동바나나 2개, 아몬드밀크 $\frac{1}{2}$컵

아몬드밀크 (아몬드 $\frac{1}{2}$컵, 생수 2컵)

만들기

1. 생수에 아몬드를 20분 정도 불린 후 믹서에 곱게 갈아 아몬드밀크를 만든다.
2. 믹서에 분량의 재료를 넣고 곱게 간다.

cooking tip

바나나는 껍질을 까서 냉동 보관했다가 필요할 때 꺼내 쓴다.

"케일에는 염증을 잡아주는 효과가 있어서 스무디 재료로 좋아요"

코코넛 그린 스무디

재료

쌈케일 50g, 키위 80g, 햄프씨드 2큰술, 사과 120g, 샐러리 70g, 코코넛워터 500cc, 브로콜리파우더 1큰술, 아가베시럽 1큰술

만들기

1. 쌈케일은 김이 오른 찜기에 살짝 찐 후 차게 식힌다. 사과는 씨를 제거하고 껍질째, 키위는 껍질을 벗기고 적당한 크기로 썬다. 샐러리도 적당한 길이로 썬다.
2. 믹서에 분량의 재료들을 넣고 곱게 간다.

"견과류와 아보카도가 들어 있어 포만감이 좋을뿐 아니라 맛도 영양도 그만이죠"

아보카도 케일 스무디

재료

쌈케일 50g, 견과류(아몬드, 호박씨 등) 25g, 사과 120g, 아보카도 1개, 냉동바나나 1개, 코코넛워터 500cc~750cc, 소금누룩 약간

만들기

1. 견과류는 예열된 마른 팬에 살짝 볶고, 사과는 씨를 제거하고 껍질째, 아보카도는 껍질과 씨를 제거한 후 적당한 크기로 썬다. 쌈케일은 김이 오른 찜기에 살짝 찐 후 식힌다.
2. 믹서에 분량의 재료들을 넣고 곱게 간다.

"항산화, 항염 효과가 좋은 베리류가 듬뿍 들어간 한 컵은 보약과도 같아요"

망고 블루베리 스무디

재료

냉동블루베리 100g, 냉동망고 200g, 냉동아로니아 50g, 코코넛워터 400cc

만들기

1. 믹서에 분량의 재료를 넣고 곱게 간다.

cooking tip

아로니아의 떫고 시큼한 맛은 달콤한 망고, 블루베리와 같이 갈아 마시면 좋다.

"당근의 쌉싸름함을 망고가 잡아줘 남녀노소 누구나 좋아할 맛이죠"

당근 망고 스무디

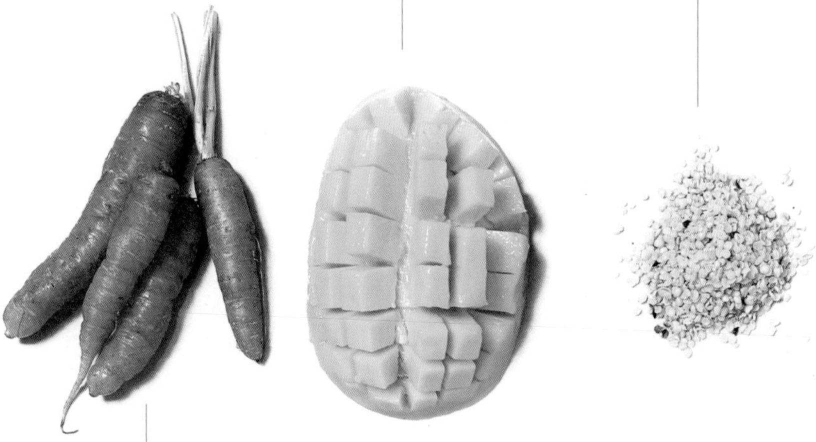

재료

당근 200g, 냉동망고 200g, 코코넛워터 300cc, 햄프씨드 1작은술

만들기

1. 당근은 껍질째 깨끗이 씻어 김이 오른 찜기에 10분 정도 익힌다.
2. 믹서에 분량의 재료를 넣고 곱게 간다.

"케르세틴이 풍부한 대추야자는 항염, 항암 효능이 뛰어난 식재료입니다"

대추야자 햄프씨드밀크 스무디

재료

대추야자 4알, 햄프씨드밀크 500cc

햄프씨드밀크 (생수 500cc, 햄프씨드 3큰술)

만들기

1. 생수에 햄프씨드를 넣고 곱게 간다. 대추야자는 씨를 제거한다.
2. 믹서에 분량의 재료를 넣고 곱게 간다.

cooking tip

햄프씨드밀크에 대추야자를 넣고 좀 불린 후에 갈아주면 부드러운 맛이 더 느껴진다.

"홍시가 채소 수프에 단맛을 주어 훨씬 부드럽고 맛있게 먹을 수 있어요"

토마토 브로콜리 홍시 수프

재료

완숙토마토 500g, 브로콜리 100g, 양파 200g, 생수 400cc, 홍시(또는 단감) 300g

만들기

1. 토마토는 꼭지를 떼고 브로콜리, 양파와 같이 적당한 크기로 썬다. 홍시는 껍질과 씨를 제거한다.
2. 냄비에 양파, 토마토를 충분히 볶다가 브로콜리, 생수를 넣고 끓기 시작하면 중약불에 20분 정도 끓인다.
3. 식힌 후 홍시를 넣고 믹서로 곱게 간다.

cooking tip

홍시는 마트에서 냉동제품으로 판매한다.

"단백질이 풍부한 병아리콩과 햄프씨드는 포만감과 함께 고소한 맛이 일품입니다"

병아리콩 햄프씨드 수프

재료

병아리콩 200g, 햄프씨드 3큰술, 소금누룩 약간, 생수 3~4컵

만들기

1. 병아리콩은 8시간 충분히 불린 후 생수를 넣고 30분 이상 삶는다.
2. 삶은 병아리콩과 삶은 물, 햄프씨드를 넣고 믹서에 곱게 간다.
3. 수프그릇에 ②를 담고 소금누룩으로 간한다.

"소금누룩으로 간을 하면 모든 재료의 맛과 향이 더 풍부해져요"

콜리플라워 코코넛 수프

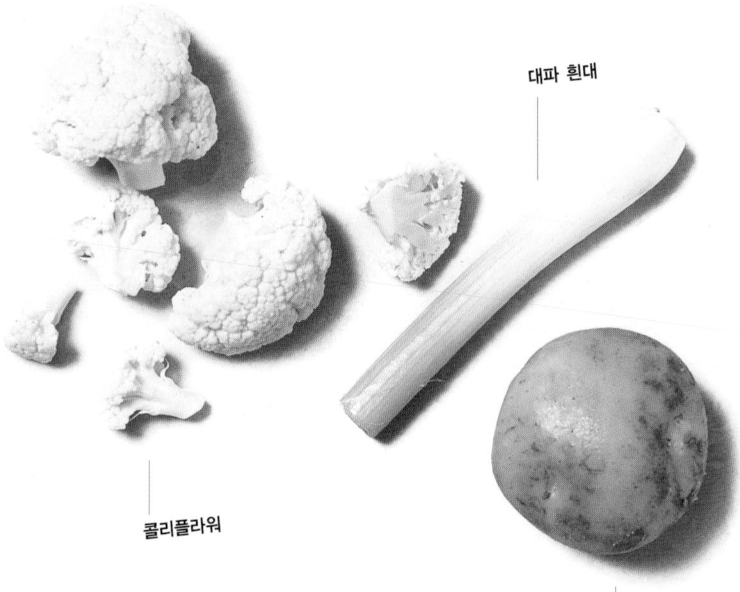

재료

콜리플라워 300g, 감자 150g, 양파 100g, 대파 흰대 90g, 코코넛밀크 300cc, 소금누룩 약간

만들기

1. 콜리플라워는 먹기 좋게 뜯어 깨끗이 씻고, 감자는 껍질을 벗기고 얇게 썰어 물에 담가 전분을 뺀 후 체에 밭친다. 양파와 대파는 채썬다.
2. 예열된 냄비에 양파와 대파를 충분히 볶은 후 감자와 콜리플라워를 넣고 살짝 더 볶은 다음 코코넛밀크를 붓고 끓기 시작하면 중약불에 30분 정도 끓인다.
3. 믹서에 넣어 곱게 갈고 소금누룩으로 간을 한다.

cooking tip

양파와 대파를 볶을 때에 오일 대신 약간의 물로 볶으면 칼로리를 낮출 수 있다.

"생수 대신 양파껍질 달인 물로 수프를 끓이면 자연스러운 감칠맛이 나요"

방울양배추 수프

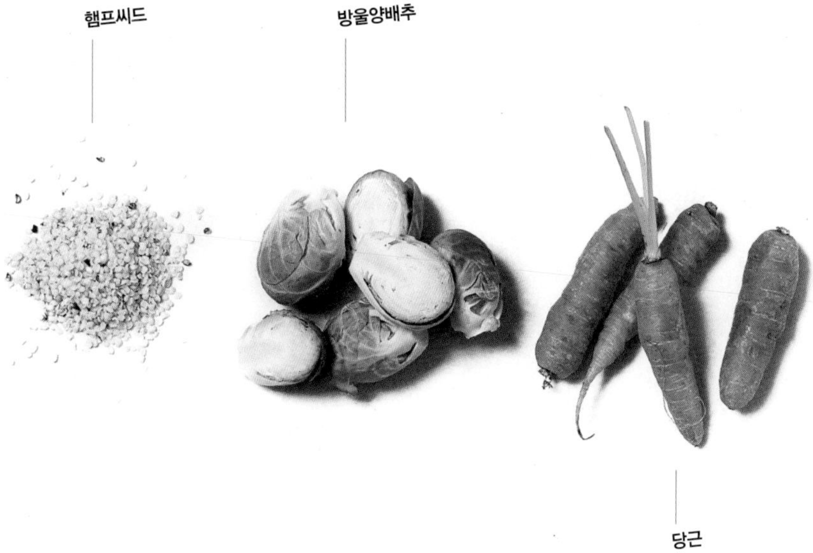

재료

햄프씨드 $\frac{1}{2}$컵, 방울양배추 600g, 당근 100g, 생강 10g, 양파껍질 달인 물 4컵
<u>양파껍질 달인 물</u> (생수 1ℓ , 양파껍질 5g)

만들기

1. 생수와 양파껍질을 넣고 끓으면 중약불로 줄여 30분 정도 끓인 후 체에 밭친다.
2. 적당한 크기로 썬 방울양배추, 당근, 생강, 양파껍질 달인 물을 붓고 끓으면 중약불로 30분 정도 끓인다.
3. ②에 햄프씨드를 넣고 믹서에 넣어 곱게 간다.

cooking tip

방울양배추 대신 일반 양배추를 넣어도 된다.

"세계적 슈퍼푸드인 렌틸콩은 단백질이 풍부해요"

렌틸콩 수프

재료

렌틸콩 100g, 당근 100g, 샐러리 25g, 양파 50g, 토마토 150g, 큐민가루 $\frac{1}{4}$작은술, 강황가루 $\frac{1}{4}$작은술, 퀴노아 25g, 표고버섯 우린 물 1ℓ, 소금누룩 약간

<u>표고버섯 우린 물</u> (생수 1ℓ, 마른 표고버섯 15g)

만들기

1. 생수에 마른 표고버섯을 넣고 20분 이상 우려 표고버섯 우린 물을 만든다. 양파, 당근, 토마토, 샐러리는 적당한 크기로 썰고, 렌틸콩과 퀴노아는 씻어서 체에 밭친 후 각각 삶는다.
2. 예열된 냄비에 양파를 먼저 볶다가 투명해지면 당근, 토마토, 샐러리, 큐민가루, 강황가루를 넣고 끓기 시작하면 중불에서 30분 정도 끓인다.
3. 믹서에 넣어 곱게 갈아 먹기 전에 소금누룩으로 간을 하고 삶은 렌틸콩과 퀴노아를 듬뿍 뿌려 먹는다.

"달큰한 당근과 신선한 샐러리로 만들어 맛은 물론, 소화도 잘 되고 위에 부담이 없어요."

당근 샐러리 수프

재료

양파 200g, 당근 400g, 마늘 5알, 샐러리 150g, 햄프씨드 $\frac{1}{2}$컵, 표고버섯 우린 물 700cc
표고버섯 우린 물 (생수 600cc, 마른 표고버섯 10g)

만들기

1. 생수에 마른 표고버섯을 넣고 20분 이상 우려 표고버섯 우린 물을 만들고, 당근은 껍질째, 양파와 마늘, 샐러리는 적당한 크기로 썬다.
2. 예열된 냄비에 양파, 마늘, 표고버섯 우린 물을 조금 넣고 충분히 볶다가 당근, 샐러리를 넣어 살짝 더 볶은 후 햄프씨드, 표고버섯 우린 물을 붓고 끓기 시작하면 중약불에서 40분 정도 끓인다.
3. 믹서에 넣어 곱게 간다.

cooking tip

식성에 맞게 샐러리 양을 가감한다.

“염증수치를 낮추는 생강은 평소에 다양한 방법으로 꾸준히 섭취하면 좋아요”

생강 대파 양파껍질물

재료

양파껍질 3g(1개의 겉껍질), 생강 30g, 대파뿌리 3개, 생수 1ℓ

만들기

1. 생강은 얇게 슬라이스하고, 대파뿌리는 깨끗이 씻는다. 양파도 깨끗이 씻어 겉껍질을 벗긴다.
2. 생수에 모든 재료를 넣고 끓으면 중약불로 줄여 30분 정도 끓인 후 체에 밭친다.

cooking tip

양파껍질을 벗겨서 냉동 보관했다가 사용하면 편하다.
대파뿌리도 흙을 깨끗이 씻어내고 냉동 보관한다.

"염증에 좋은 모든 채소들을 종합선물세트처럼 모았어요"

염증완화물

재료

무 100g, 우엉 200g, 당근 300g, 샐러리 150g, 대파뿌리 3개, 생수 $1\frac{1}{2}$ℓ

만들기

1. 샐러리, 당근, 무, 우엉은 3㎝ 길이로 썰고, 대파뿌리는 깨끗이 씻는다.
2. 생수에 모든 재료를 넣고 끓으면 중약불로 줄여 30분 정도 끓인 후 체에 밭쳐 물만 마신다.

cooking tip

당근과 무, 우엉은 깨끗이 씻어 껍질째 사용한다.

"체온을 높이는 것만으로도 몸속 염증을 줄여줍니다"

계피 사과차

재료

사과 200g, 시나몬스틱 10g, 생수 6컵

만들기

1. 사과는 씨를 제거하고 껍질째 얇게 슬라이스한다. 시나몬스틱은 깨끗이 씻는다.
2. 생수에 시나몬스틱과 사과를 넣고 끓으면 중약불로 줄여 30분 정도 끓인 후 체에 밭쳐 물만 마신다.

cooking tip

계피 사과차는 따뜻하게 마신다.

“한 입에 쏙 먹기 좋게 만들어 도시락용으로도 좋아요”

전두부 스크램블

재료

전두부 1모, 빨강파프리카 $\frac{1}{4}$개, 청피망 1개, 다진 양송이버섯 1컵, 햄프씨드 1큰술, 찐 케일 20장, 다진 마늘 1작은술, 저염간장 2작은술, 파슬리가루 1작은술

만들기

1. 전두부를 으깬 후 0.5×0.5㎝ 크기로 썬 양송이버섯, 파프리카, 피망과 다진 마늘을 넣고 섞는다.
2. 팬에 ①을 넣고 저으면서 볶다가 햄프씨드, 저염간장, 파슬리가루를 넣고 포실하게 볶는다.
3. 김이 오른 찜기에 케일을 살짝 찐다.
4. 찐 케일에 싸서 먹는다.

"아삭아삭 씹히는 방울양배추 식감이 재미있어요"

토마토 방울양배추볶음

재료

토마토 1~2개, 마늘 1알, 양파 50g, 방울양배추 50g, 표고버섯 1개, 칠리파우더 $\frac{1}{4}$작은술, 아가베시럽 $\frac{1}{4}$큰술, 소금누룩 $\frac{1}{2}$작은술, 올리브오일 $\frac{1}{2}$큰술, 드라이 바질 약간

만들기

1. 토마토는 꼭지 부분을 도려내고 윗부분에 십자로 칼집을 넣는다. 냄비에 물을 넣지 않고 저수분으로 중불에서 15분 정도 익힌 후 껍질을 벗겨 먹기 좋은 크기로 썬다. 마늘은 편썰기하고 표고버섯, 양파는 1㎝ 넓이로 썬다.
2. 팬에 편으로 썬 마늘과 토마토를 넣고 볶다가 양파, 방울양배추, 버섯 순서로 넣으면서 칠리파우더, 아가베시럽, 소금누룩까지 넣고 볶은 후 불을 끄고 올리브오일과 드라이 바질을 넣고 버무려낸다.

"구운 채소와 새콤달콤한 소스의 조화가 일품요리로도 손색없어요"

방울토마토소스 전두부 채소구이

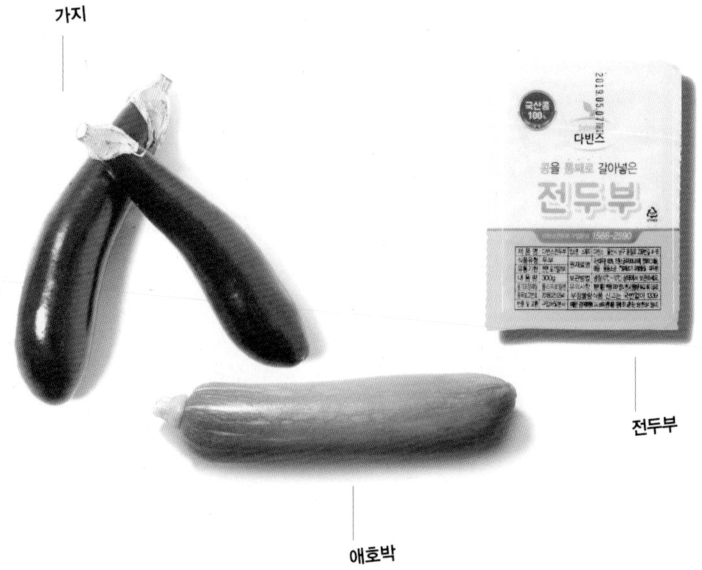

재료

전두부 $\frac{1}{2}$모, 애호박 $\frac{1}{2}$개, 가지 1개, 소금누룩 약간, 해바라기씨유 약간
<u>소스</u> (간장 1큰술, 맛술 1큰술, 식초 $\frac{1}{2}$큰술, 해바라기씨유 2큰술, 설탕 1작은술, 고추냉이 $\frac{1}{4}$작은술, 다진 양파 1$\frac{1}{2}$큰술, 다진 방울토마토 1큰술)

만들기

1. 전두부는 도톰하게 썰어 소금누룩을 살짝 뿌린 후 체에 밭쳐 물기를 뺀 다음 오일을 두른 팬에 노릇하게 굽는다.
2. 애호박과 가지는 모양대로 약간 어슷썬 후 애호박은 오일 두른 팬에, 가지는 오일을 두르지 않고 굽는다.
3. 방울토마토는 0.4×0.4㎝ 크기로 썰어 먹기 전에 분량의 소스 재료에 넣어 두부와 구운 채소 위에 넉넉히 뿌린다.

"새콤달콤한 맛과 향이 입안에 확 퍼지면서 기분전환까지~"

망고 오렌지 살사

재료

망고 1개, 토마토 1개, 오렌지 $\frac{1}{2}$개, 청피망 $\frac{1}{2}$개, 적양파 50g

살사소스 (레몬즙 $1\frac{1}{2}$큰술, 다진 마늘 1작은술, 드라이 파슬리가루 1큰술, 소금누룩 $\frac{1}{2}$작은술, 아가베시럽 1큰술, 다진 청양고추 $\frac{1}{2}$큰술)

만들기

1, 망고, 오렌지는 껍질을 벗기고 토마토, 청피망, 적양파와 같이 0.7 ×0.7㎝ 크기로 깍둑썬다.

2. 분량의 살사소스 재료를 ①의 재료에 골고루 섞어 냉장고에서 하루 숙성시킨 후 먹는다.

cooking tip

망고는 사계절 구입할 수 있는 냉동망고를 사용해도 좋다.

PROGRAM 4_

항 산 화 A n t i o x i d a t i o n

"우리 몸속에서는 산소와 음식물이 결합하는 과정에서
'활성산소'라는 유해성 산소가 만들어집니다.
'활성산소'가 많을수록 각종 질병은 물론 노화의 첫 번째 원인이 되기도 합니다. 항산화물질을 섭취해서 노화를 지연시키고,
건강한 신체를 유지하는 게 중요합니다."

항산화 프로그램 패키지

how to 항산화 프로그램

항산화 스무디 RECIPES 6

항산화 수프 RECIPES 6

항산화 차 RECIPES 3

항산화 식사 RECIPES 4

항산화 프로그램 패키지

항산화 프로그램 실전편

항산화 프로그램은 어떤 건가요?

몸속 활성산소는 건강한 세포를 공격해 피부 노화는 물론 각종 질병의 원인이 되기도 한다. 이런 활성산소를 제거하기 위해서는 항산화 물질을 섭취하는 게 가장 좋은 방법이다. 항산화 프로그램은 몸속 활성산소를 억제시켜 피부는 물론 건강을 유지시켜주기 위한 프로그램이다.

어떤 사람에게 추천하나요?

피부 노화가 고민이거나, 건강하고 젊은 라이프스타일을 원하는 모든 사람에게 추천한다. 특히 호르몬의 불균형으로 여러 가지 증상을 앓고 있는 갱년기 남녀에게도 이 프로그램이 큰 도움을 준다.

어떻게 실천하면 되나요?

난이도 3	4~8주 프로그램	매일 스무디 1개 + 수프 1개 + 차 2개 + 식사 1개 + 간식
난이도 2	4주 프로그램	아침 스무디 1개 + 차 1개 + 점심 일반식사 + 저녁 수프 + 간식
난이도 1	4주 프로그램	일반식 하면서 하루에 스무디만 2번 섭취

"비타민 C가 풍부한 사과와 당근은 피부 미용에 그만이죠"

사과 당근 주스

재료

당근 400g, 사과 100g

만들기

1. 사과는 씨를 제거하고 당근과 함께 껍질째 적당한 크기로 썰어 주서기에 내린다.

cooking tip

사과 당근 주스에 레몬즙을 추가하면 항산화 작용을 하고 상큼함도 배가 된다.

"식물성 오일은 혈관 건강관리와 피부 노폐물 제거에 효과가 좋아요"

에너지업 스무디

재료

냉동망고 200g, 아몬드밀크 500cc, 아보카도 40g, 아가베시럽 2큰술

아몬드밀크 (아몬드 $\frac{1}{2}$컵, 생수 2컵)

만들기

1. 생수에 아몬드를 20분 정도 불린 후 믹서에 곱게 갈아 아몬드밀크를 만든다.
2. 아보카도는 껍질과 씨를 제거한 후 적당한 크기로 썬다.
3. 믹서에 분량의 재료를 넣고 곱게 간다.

"보라색을 가진 채소와 과일에는 항산화 성분이 많이 들어 있어요"

블루베리 바나나 스무디

재료

적채 250g, 냉동바나나 2개, 냉동블루베리 250cc, 대추야자 2개, 햄프씨드밀크 500cc

<u>햄프씨드밀크</u> (생수 500cc, 햄프씨드 3큰술)

만들기

1. 생수에 햄프씨드를 넣고 불린 후 믹서에 곱게 갈아 햄프씨드밀크를 만들고, 김이 오른 찜기에 적채를 넣어 부드럽게 익힌 후 식힌다. 대추야자는 씨를 뺀다.
2. 믹서에 분량의 재료를 넣고 곱게 간다.

"스피루리나는 칼슘과 카로틴이 풍부해 노화방지에 효과가 좋은 식재료입니다"

스피루리나 코코넛 스무디

재료

파인애플 100g, 스피루리나파우더 1큰술, 바나나 $\frac{1}{2}$개, 냉동망고 200g, 코코넛워터 300cc

만들기

1. 믹서에 냉장 보관한 코코넛워터와 분량의 모든 재료를 넣고 곱게 간다.

cooking tip

파인애플과 바나나는 조금씩 랩으로 감싼 후에 비닐에 담아 냉동 보관하면 하나씩 꺼내 쓰기 편하다.

"강력한 노화방지제인 아몬드는 먹는 피부 비타민이랍니다"

아몬드 코코넛밀크 스무디

재료

멜론 $\frac{1}{8}$개, 코코넛밀크 200cc, 코코넛크림 3큰술, 아몬드밀크 400cc
아몬드밀크 (아몬드 $\frac{1}{2}$컵, 생수 2컵)

만들기

1. 생수에 아몬드를 20분 정도 불린 후 믹서에 곱게 갈아 아몬드밀크를 만든다.
2. 믹서에 분량의 재료를 넣고 곱게 간다.
3. 멜론은 적당한 크기로 잘라 컵에 담고 위에 ②의 아몬드 코코넛밀크를 붓는다.

"비트와 블루베리의 보라색에는 항산화, 항암, 항염의 효능이 가득해요"

안토시아닌 스무디

재료

비트 250g, 민트잎 10g, 냉동블루베리 250g, 냉동체리 10알, 아로니아파우더 2큰술,
코코넛워터 500cc, 대추야자시럽 2큰술

만들기

1. 비트는 껍질째 스티머에 1시간 정도 충분히 익힌 후 껍질을 벗기고 적당한 크기로 썬다. 체리는 씨를 제거하고, 민트는 씻어 체에 밭친다.
2. 믹서에 분량의 재료를 넣고 곱게 간다.
3. 대추야자시럽이나 아가베시럽으로 단맛을 조절한다.

"피부에 좋은 식재료를 한 곳에 다 넣고 끓인 양질의 수프랍니다"

브로콜리 양송이 수프

재료

양파 60g, 브로콜리 150g, 양송이버섯 5개, 코코넛밀크 2큰술, 생캐쉬넛 1컵, 마늘 3g,
표고버섯 우린 물 4컵, 소금누룩 $\frac{1}{2}$작은술, 드라이 바질 1작은술
표고버섯 우린 물 (생수 600cc, 마른 표고버섯 10g)

만들기

1. 생수에 표고버섯을 넣고 20분 이상 우려 만든 표고버섯 우린 물에 캐쉬넛을 넣고 불린 후 곱게 간다. 브로콜리, 양송이버섯, 양파, 마늘은 적당한 크기로 썬다.
2. 냄비에 양파, 마늘, 표고버섯 우린 물을 조금 넣고 충분히 볶다가 캐쉬넛 갈아놓은 물을 넣고 끓기 시작하면 양송이버섯, 브로콜리를 넣고 15분 정도 끓인다.
3. 믹서에 ②를 넣어 곱게 갈고 코코코넛밀크를 넣어 살짝 끓인 후 소금누룩, 드라이 바질을 넣어 간한다.

cooking tip

버터를 사용하지 않아도 캐쉬넛과 코코넛밀크가 부드럽고 고소한 맛을 내준다.

"섬유질이 풍부한 아스파라거스와 비타민이 풍부한 브로콜리가 만났어요"

아스파라거스 브로콜리 수프

재료

양파 50g, 아스파라거스 300g, 햄프씨드 30g, 브로콜리 200g, 표고버섯 우린 물 500cc, 소금누룩 약간

표고버섯 우린 물 (생수 600cc, 마른 표고버섯 10g)

만들기

1. 아스파라거스는 기둥의 질긴 부분은 자르고 껍질을 벗겨 3~4등분한다. 브로콜리, 양파는 적당한 크기로 썬다.
2. 냄비에 아스파라거스, 브로콜리, 양파, 햄프씨드, 표고버섯 우린 물을 조금 넣고 볶다가 남은 표고버섯 우린 물을 넣고 끓기 시작하면 중약불에 30분 정도 끓인다.
3. 믹서에 넣어 곱게 갈고 소금누룩으로 간한다.

cooking tip

섬유질이 많은 재료로 만든 수프는 곱게 갈아준다.
표고버섯 우린 물은 마른 표고버섯을 깨끗이 씻은 후 생수에 20분 정도 우린다.

"달달하고 든든한 단호박 당근 수프는 다이어트 식사로도 좋아요"

단호박 당근 수프

재료

양배추 50g, 호박씨 $\frac{1}{4}$컵, 당근 50g, 양파 50g, 단호박 150g, 양파껍질 달인 물 2$\frac{1}{2}$컵
양파껍질 달인 물 (생수 1ℓ, 양파껍질 5g)

만들기

1. 생수와 양파껍질을 넣고 끓으면 중약불로 줄여 30분 정도 끓인 후 체에 밭친다. 양배추의 심과 단호박의 씨를 제거하고 당근과 같이 껍질째 적당한 크기로 썬다.
2. 예열된 냄비에 양파와 양파껍질 달인 물을 약간 넣고 충분히 볶다가 나머지 재료를 넣고 끓기 시작하면 중약불에 30분 정도 끓인다.
3. 믹서에 넣어 곱게 간다.

cooking tip

수프에 호박씨 대신 다른 견과류를 넣어도 좋다.

"옥수수는 비타민 E가 풍부해 노화방지와 면역력 향상에 도움을 주는 수프랍니다"

옥수수 수프

재료

옥수수 2컵, 양파 100g, 단호박 350g, 생수 1ℓ, 큐민가루 1작은술, 강황가루 1작은술,
케이안페이퍼 $\frac{1}{4}$작은술, 소금누룩 $\frac{1}{2}$큰술, 후춧가루 약간

만들기

1. 단호박은 껍질째 씨를 제거하고 양파와 같이 적당한 크기로 썬다. 옥수수는 물에 헹구어 체에 밭친다.
2. 냄비에 양파와 생수를 조금 넣고 충분히 볶다가 단호박, 옥수수, 생수를 넣고 끓기 시작하면 중약불로 30분 정도 끓이다가 큐민가루, 강황가루, 케이안페이퍼, 후춧가루를 넣어 한소끔 끓인다.
3. 믹서에 넣어 곱게 갈고 소금누룩으로 간한다.

cooking tip

뜨거운 수프를 믹서로 갈 때는 한 김 식힌 후 갈아준다.

"다시마물로 끓인 수프는 천연 조미료처럼 감칠맛이 돌아요"

렌틸콩 근채 수프

재료

연근 30g, 마 80g, 우엉 30g, 렌틸콩 80g, 양파 60g, 샐러리 30g, 다시마물 1ℓ, 소금누룩 약간
<u>다시마물</u> (생수 1ℓ, 다시마 3×3㎝)

만들기

1. 렌틸콩은 살짝 씻어 체에 밭치고 양파, 마, 우엉, 연근, 샐러리는 0.6×0.6㎝ 크기로 썬다.
2. 냄비에 렌틸콩, 다시마물을 넣고 끓으면 약불로 30분 정도 끓이다가 썰어놓은 채소를 넣고 뚜껑을 덮어 10분 정도 약불로 끓인 후 소금누룩으로 간을 한다.

cooking tip

다시마물은 생수에 1시간 정도 담갔다가 사용한다.

"위 건강에 도움이 되고 속도 든든한 아침식사 대용입니다"

양배추 보리 수프

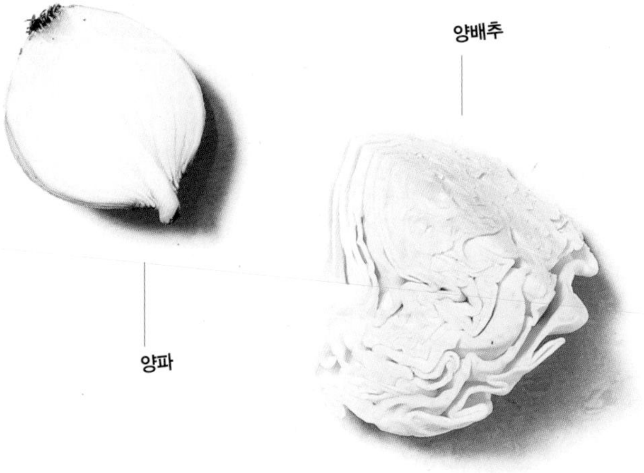

재료

양배추 200g, 양파 150g, 납작보리 3큰술, 다시마물 600cc, 소금누룩 약간

만들기

1. 양배추와 양파는 굵게 채썬다.
2. 양파와 다시마물 1컵을 부어 먼저 푹 끓이다가 남은 다시마물과 납작보리, 양배추를 넣어 끓기 시작하면 중약불에 30~40분 정도 끓인다.
3. 고명으로 올릴 보리와 양배추는 조금 꺼내고 나머지는 믹서에 곱게 갈아 소금누룩으로 간한다. 그릇에 담고 꺼내놓았던 보리와 양배추를 고명으로 얹어낸다.

cooking tip

식성에 맞게 수프를 곱게 또는 거칠게 갈아주면 색다른 맛을 느낄 수 있다.

"노화로 인한 세포 손상을 막아주는 오미자차는 항산화에 필수죠"

오미자차

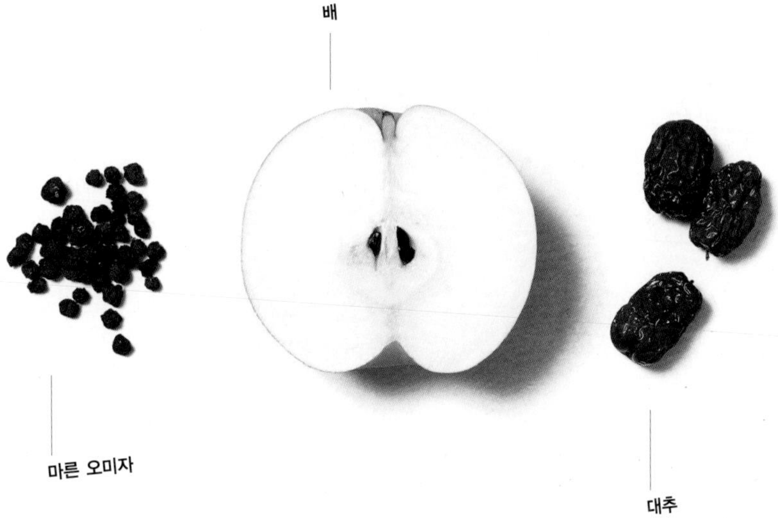

재료

마른 오미자 2작은술, 배 $\frac{1}{2}$개, 대추 4~5알, 생수 1ℓ, 아가베시럽 약간

만들기

1. 마른 오미자는 물샤워시키고, 대추는 깨끗이 씻는다. 배는 껍질을 벗기고 슬라이스한다.
2. 생수에 분량의 재료를 넣고 끓으면 중약불로 30분 정도 끓인 후 체에 밭쳐 물만 마신다.
3. 신맛이 강하면 배를 더 넣어 끓이거나 아가베시럽으로 맛을 조절한다.

"미용차라는 별명이 있을 정도로 노화 예방에 좋은 히비스커스랍니다"

히비스커스차

재료

라임 슬라이스 1쪽, 유기농 히비스커스 꽃잎 10g, 민트잎 약간, 생수 500cc

만들기

1. 생수를 90℃로 끓여 말린 히비스커스 꽃잎을 넣고 불을 끈다.
2. 5~7분 정도 우린 후 꽃잎은 건진다.
3. 라임을 얇게 슬라이스해서 민트잎과 같이 띄운다.

"카모마일은 은은한 향만으로도 힐링을 도와줍니다"

카모마일차

재료

말린 카모마일 꽃 1큰술(10g), 생수 250cc

만들기

1. 생수를 90℃로 끓여 말린 카모마일 꽃을 넣고 불을 끈다.
2. 2~3분 정도 우린 후 꽃잎은 건진다.

cooking tip

말린 카모마일 꽃은 방향제, 입욕제로도 활용할 수 있다.

"입맛은 돋워주고, 피부는 탱탱하게 해주는 일석이조 메뉴입니다"

당근 망고 샐러드

재료

당근(중) $\frac{1}{2}$개, 망고 2개, 건포도 $\frac{1}{3}$컵, 생강즙 1작은술, 레몬즙 1큰술, 올리브오일 $\frac{1}{2}$큰술

만들기

1. 당근과 망고는 길이로 곱게 채썬다.
2. 채썬 당근과 망고에 생강즙, 레몬즙, 건포도, 올리브오일을 넣고 잘 버무린다.
3. 1시간 정도 냉장고에 넣어 숙성시키면 더욱 맛이 좋다.

“싸 먹는 재미도 쏠쏠, 생채소를 골라 먹는 재미도 쏠쏠~”

채소 김 마끼

재료

아보카도 1개, 당근 $\frac{1}{4}$개, 비트 $\frac{1}{4}$개, 샐러리 1줄기, 깻잎 20장, 김 5장, 무순 약간
소스 (국간장 1큰술, 생수 1큰술, 레몬즙 $1\frac{1}{2}$큰술, 청양고추 2큰술, 드라이 파슬리 1작은술)

만들기

1. 김은 구워서 4등분한다.
2. 비트는 껍질째 스티머에 1시간 정도 충분히 익힌 후 껍질을 벗기고 채썬다.
3. 잘 익은 아보카도는 껍질과 씨를 제거하고 채썬다.
4. 각종 채소를 적당한 길이로 채썬다.
5. 김에 깻잎과 채썬 채소들을 올려 싸서 소스에 찍어 먹는다.

"방울양배추의 아삭아삭 씹히는 맛도 일품, 새콤한 드레싱과 참 잘어울려요"

가지 방울양배추 샐러드

재료

가지 2개, 방울양배추 5개, 토마토 2개, 적양파 ¼개, 드레싱

드레싱 (발사믹식초 1큰술, 아가베시럽 1큰술, 레몬즙 1큰술, 다진 파 1큰술, 다진 마늘 1작은술, 올리브오일 3큰술)

만들기

1. 가지는 꼭지를 떼고 도톰하게 어슷썰어 예열된 팬에 오일 두르지 않고 앞뒤로 노릇하게 구워서 식힌다.
2. 방울양배추는 2등분하여 열이 오른 스티머에 살짝 익힌 후 식힌다.
3. 적양파는 곱게 다져서 물에 잠깐 담가 매운맛을 빼고 물기를 제거한다.
4. 토마토는 꼭지를 떼고 웨지모양으로 썬다.
5. 접시에 토마토, 구운 가지와 익힌 방울양배추, 적양파를 담는다.
6. 드레싱 재료를 분량대로 섞어 차게 식힌 후 샐러드에 곁들여낸다.

"고소한 아몬드 속에는 피부를 맑고 촉촉하게 해주는 항산화 효능이 있어요"

아몬드밀크 퀴노아 시리얼

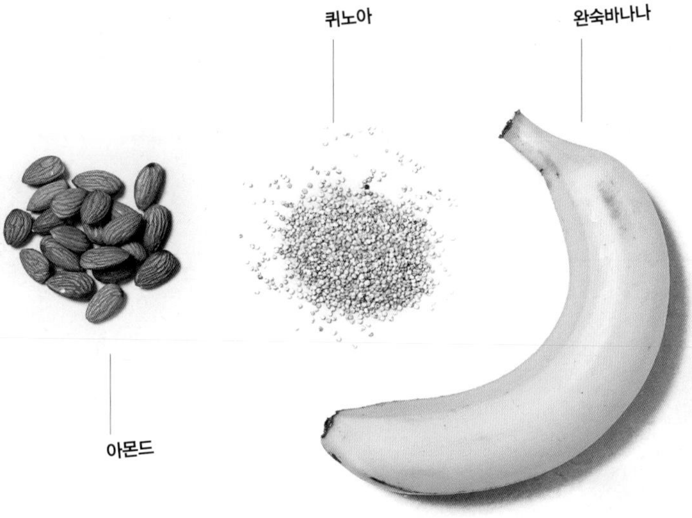

재료

아몬드밀크 200cc, 퀴노아 3큰술, 압착오트밀 3큰술, 완숙바나나 1개, 대추야자 2개, 해바라기씨 1큰술

아몬드밀크 (아몬드 $\frac{1}{2}$컵, 생수 2컵)

만들기

1. 아몬드는 생수에 20~30분 정도 불린 후 믹서에 곱게 갈아 체에 밭친다.
2. 압착오트밀은 팬에 살짝 볶는다.
3. 퀴노아는 20분 정도 약불에서 삶은 후 체에 밭친다.
4. 대추야자는 씨와 꼭지를 떼고 채썬다.
5. 바나나는 껍질을 벗기고 먹기 좋은 크기로 슬라이스한다.
6. 아몬드밀크에 볶은 오트밀을 1시간 이상 불린 후 삶은 퀴노아, 바나나, 대추야자, 해바라기씨를 넣어 먹는다.

PROGRAM 5_

만성피로 Chronic Fatigue

"만성피로도 질병인거 아세요?
누구나 스트레스, 피로 등을 경험하지만,
그때그때 풀어주지 않고 쌓이게 되면 결국 피로가
큰 병으로까지 이어지는 치명적인 상황이 발생하게 됩니다.
만성피로는 자신에게 가장 미안한 병이기도 합니다."

만성피로 프로그램 패키지

how to 만성피로 프로그램

만성피로 스무디 RECIPES 6

만성피로 수프 RECIPES 6

만성피로 차 RECIPES 3

만성피로 식사 RECIPES 4

만성피로 프로그램 패키지

만성피로 프로그램 실전편

만성피로 프로그램은 어떤 건가요?

'만성피로' 아닌 사람이 있을까? 싶을 정도로 현대인이라면 누구나 겪고 있다. 피로와 스트레스를 제때 풀어주기만 해도 도움이 되는데, 그것을 하지 못해 몸의 이상까지 이어지는 불상사가 발생한다. 만성피로 프로그램을 꾸준히 실천하면 몸도 마음도 개운해짐을 경험할 수 있다.

어떤 사람에게 추천하나요?

6개월 이상 피로감이 지속되고, 회복되지 않는 사람에게 추천. 이유 없이 의욕도 없고, 우울하면서 잠만 자고 싶은 무기력함을 느끼는 사람에게도 꼭 필요.

어떻게 실천하면 되나요?

난이도 3	4~8주 프로그램	매일 스무디 1개 + 수프 1개 + 차 2개 + 식사 1개 + 간식
난이도 2	4주 프로그램	아침 스무디 1개 + 차 1개 + 점심 일반식사 + 저녁 수프 + 간식
난이도 1	4주 프로그램	일반식 하면서 하루에 스무디만 2번 섭취

"장건강에 좋고 스트레스 감소는 물론 감칠맛까지 더해주는 쌀누룩이 들어있어요"

쌀누룩 그린요거트 스무디

재료

현미쌀꽃요거트 400cc, 아보카도 1개, 쌀누룩 우린 물 1컵, 쌈케일 50g

쌀누룩 우린 물 (쌀누룩 100g, 생수 2ℓ)

만들기

1. 쌈케일은 김이 오른 찜기에 살짝 찐 후 차게 식힌다. 아보카도는 껍질과 씨를 제거한 후 적당한 크기로 썬다.
2. 믹서에 분량의 재료를 넣고 곱게 간다.

cooking tip

219p의 쌀누룩 우린 물 만들기를 참고한다.

"지친 몸과 마음을 산뜻하게 깨워주는 상큼한 맛이 일품이랍니다"

파인애플 샐러리 스무디

재료

파인애플 150g, 사과 150g, 샐러리 75g, 코코넛워터 250cc

만들기

1. 사과는 씨를 제거하고 껍질째, 샐러리와 파인애플도 적당한 크기로 썬다.
2. 믹서에 분량의 재료를 넣고 곱게 간다.

"기분 좋은 달달함과 든든한 포만감을 한 번에~"

고구마 코코아 스무디

재료

찐 고구마 300g, 코코아파우더 2큰술, 대추야자 3개, 햄프씨드밀크 600cc

햄프씨드밀크 (생수 600cc, 햄프씨드 3큰술)

만들기

1. 생수에 햄프씨드를 넣고 불린 후 믹서에 곱게 갈아 햄프씨드밀크를 만들고, 대추야자는 씨를 뺀다.
2. 믹서에 분량의 재료를 넣고 곱게 간다.

"몸속에 쌓인 나트륨을 배출시켜줘 몸을 가뿐하게 해줘요"

민트 파인애플 스무디

재료

파인애플 250g, 프레시 민트 10g, 바나나 1개, 코코넛워터 250cc, 프레시 바질 10g

만들기

1. 코코넛워터는 냉장 보관하고 바나나와 파인애플은 적당한 크기로 썰어 얼린다.
   민트와 바질은 물샤워시킨 후 체에 밭친다.
2. 믹서에 분량의 재료를 넣고 곱게 간다.

"피로회복에 좋은 비타민 C가 듬~뿍 들어 있어요"

아로니아 아몬드밀크 대추야자 스무디

재료

냉동아로니아 100g, 아몬드밀크 500cc, 대추야자 3개, 냉동바나나 1개
아몬드밀크 (아몬드 $\frac{1}{2}$컵, 생수 2컵)

만들기

1. 생수에 아몬드를 20분 정도 불린 후 믹서에 곱게 갈아 아몬드밀크를 만든다.
2. 대추야자는 씨를 뺀다.
3. 믹서에 분량의 재료를 넣고 곱게 간다.

“혈관을 깨끗하게 해주고 에너지는 UP! UP!”

사과 케일 스무디

재료

사과 350g, 샐러리 15g, 쌈케일 20g, 오이 60g, 찐 비트 100g, 코코넛워터 300cc

만들기

1. 쌈케일은 김이 오른 찜기에 살짝 찐 후 차게 식히고, 사과는 씨를 제거하고 껍질째, 샐러리와 오이, 비트도 적당한 크기로 썬다.
2. 믹서에 분량의 재료를 넣고 곱게 간다.

cooking tip

찐 비트는 넉넉하게 쪄서 냉동 보관하면 필요할 때 바로 꺼내 사용할 수 있다.

"식이섬유가 풍부한 콜리플라워와 양배추는 위 건강도 챙기면서, 활력을 불어넣어줘요"

콜리플라워 수프

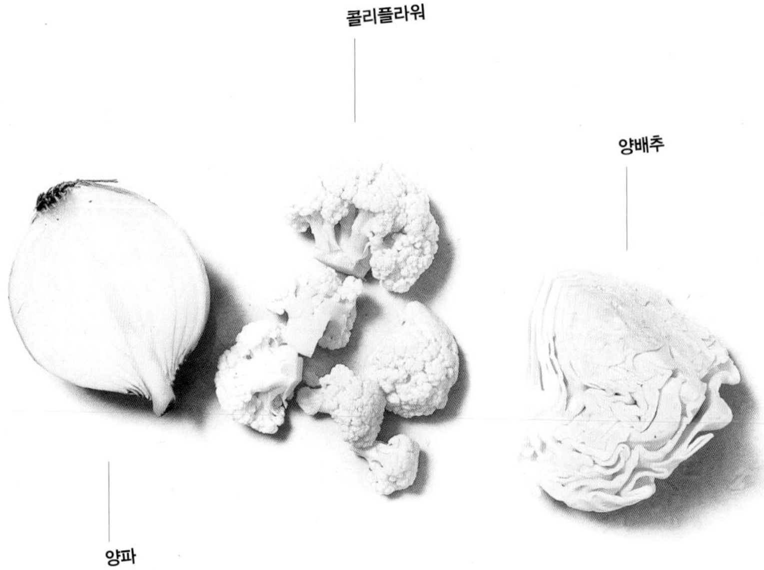

재료

양파 200g, 콜리플라워 300g, 양배추 3장, 다시마물 3컵, 소금 약간, 레몬즙 1큰술,
해바라기씨유 약간, 올리브오일 약간

만들기

1. 양배추와 양파는 굵게 채썰고, 콜리플라워는 적당한 크기로 썬다.
2. 냄비에 해바라기씨유를 두르고 양파를 먼저 볶다가 양배추와 콜리플라워, 다시마물을 넣고 끓으면 30분 정도 끓인다.
3. ②를 믹서에 넣고 곱게 간 후 먹기 전에 레몬즙이나 올리브오일을 살짝 뿌린다.

cooking tip

식성에 맞게 견과류를 올려내면 씹는 맛이 좋다.

"간 해독에 좋은 케일이 들어 있어 피로를 해소해주는 데 그만이죠"

케일 병아리콩 수프

재료

삶은 병아리콩 200g, 양파 300g, 케일 100g, 토마토 100g, 다진 마늘 2작은술, 생수 600cc, 소금누룩 약간

만들기

1. 양파와 케일은 굵게 채썰고, 토마토는 꼭지를 떼고 적당히 크기로 썬다.
2. 예열된 냄비에 양파, 마늘과 생수를 조금 넣고 충분히 볶다가 토마토, 케일, 삶은 병아리콩, 남은 생수를 넣고 중약불에 20분 정도 끓인다.
3. 믹서에 넣어 곱게 간 후 소금누룩으로 간한다.

cooking tip

수프 위에 삶은 병아리콩을 올리면 씹는 맛이 좋다.

"우엉 끓인 물로 수프를 만들어 깊은 맛이 일품이랍니다"

당근 마 수프

재료

마 100g, 당근 400g, 양파 200g, 우엉 끓인 물 3컵, 소금누룩 약간
우엉 끓인 물 (생수 4컵, 우엉 100g)

만들기

1. 생수에 우엉을 어슷썰어 넣고 끓으면 20분 정도 끓인 후 체에 밭친다. 양파와 마는 껍질을 까고, 당근은 껍질째 적당한 크기로 썬다.
2. 예열된 냄비에 양파와 우엉 끓인 물을 조금 넣고 충분히 볶다가 당근, 마, 남은 우엉 끓인 물을 넣고 끓기 시작하면 중약불에 20분 정도 끓인다.
3. 믹서에 넣어 곱게 간 후 소금누룩으로 간한다.

cooking tip

소금누룩으로 하는 마지막 간은 수프의 밸런스를 좋게 한다.

"섬유질이 풍부한 퀴노아는 혈관 건강과 간 해독에 좋은 식재료랍니다"

퀴노아 토마토 수프

재료

삶은 병아리콩 100g, 양파 100g, 당근 100g, 퀴노아 100g, 토마토 500g, 생수 700cc

만들기

1. 퀴노아는 물로 깨끗이 씻어서 체에 밭친다. 당근은 껍질째, 토마토는 꼭지를 떼고 양파와 같이 적당한 크기로 썬다.
2. 예열된 냄비에 양파와 생수를 약간 넣고 충분히 볶다가 당근, 삶은 병아리콩, 퀴노아, 토마토, 남은 생수를 넣고 끓기 시작하면 중약불에 20분 정도 끓인다.
3. 믹서에 ②를 넣고 곱게 간다.

cooking tip

병아리콩은 8시간 정도 충분히 불린 후 3~4배의 생수를 넣고 30분 이상 삶은 후 체에 밭친다.

"버터 대신 캐쉬넛을 넣어 건강과 고소함 두 마리 토끼를 다 잡았어요"

양송이 양파 수프

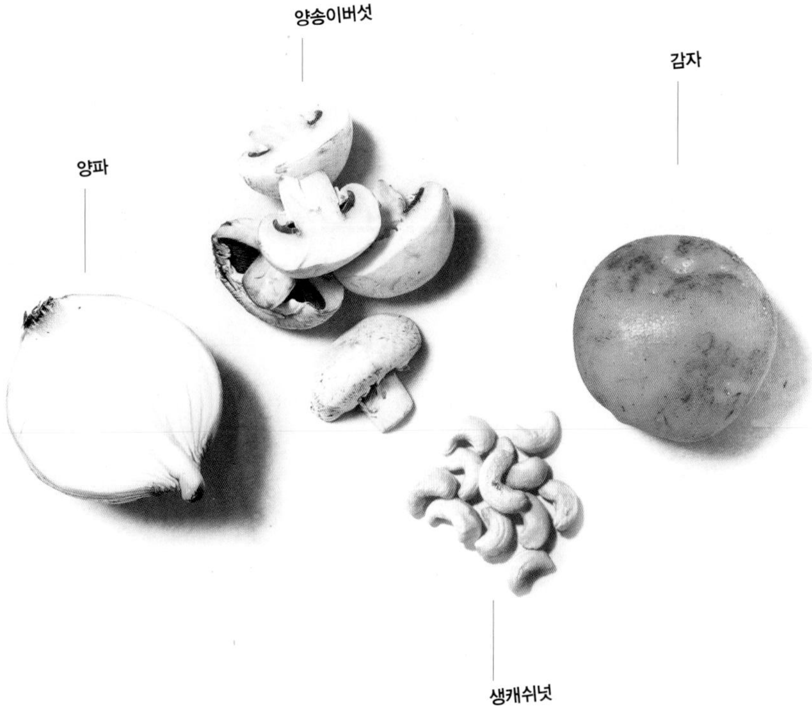

재료

양파 150g, 양송이버섯 10개, 생캐쉬넛 1컵, 감자 150g, 마늘 1알, 생수 300cc, 소금누룩 약간, 드라이 파슬리가루 약간

만들기

1. 생캐쉬넛은 생수에 20분 이상 불린 후 믹서에 간다. 양파와 양송이버섯은 슬라이스하고, 감자는 껍질째 적당한 크기로 썬다.
2. 예열된 냄비에 양파, 마늘, 생수를 조금 넣고 충분히 볶다가 감자, 갈아놓은 캐쉬넛을 넣고 끓기 시작하면 중약불에 20분 정도 끓인다.
3. 믹서에 넣어 곱게 간 후 소금누룩과 파슬리가루를 뿌린다.

cooking tip

수프를 곱게 갈아주면 고소하고 부드러운 맛을 더 풍부하게 해준다.

"부드러운 아몬드밀크맛이 수프의 풍미를 더해줘요"

애호박 아몬드밀크 수프

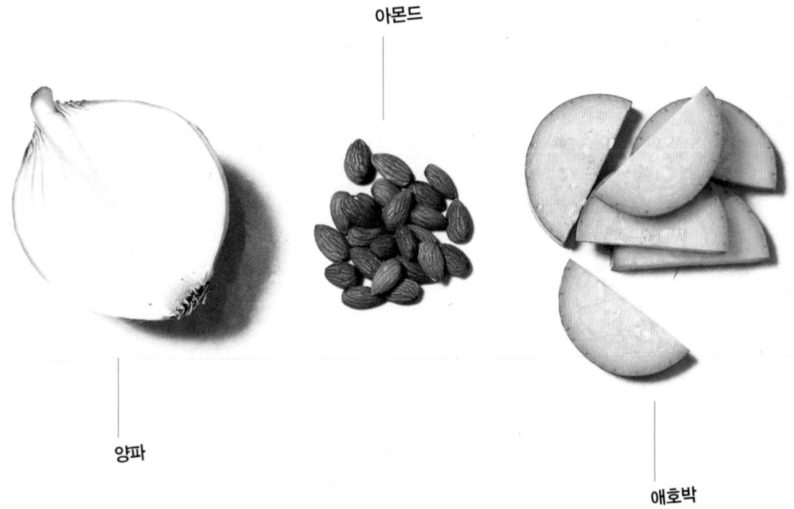

재료

양파 100g, 아몬드밀크 400cc, 애호박 1개, 생수 200cc, 소금누룩 약간

아몬드밀크 (아몬드 $\frac{1}{2}$컵, 생수 2컵)

만들기

1. 생수에 아몬드를 20분 정도 불린 후 믹서에 곱게 갈아 아몬드밀크를 만든다.
2. 믹서에 굵게 채썬 양파와 애호박, 생수를 붓고 곱게 간다.
3. 냄비에 갈아놓은 재료와 아몬드밀크를 넣고 끓기 시작하면 중약불에 5분 정도 끓인다.
4. 소금누룩으로 간한다.

cooking tip

애호박의 맛을 살리기 위해 오래 끓이지 않는다.

"몸속 유해균을 잡아주는 천연 발효 음료입니다"

쌀누룩 우린 물

쌀누룩

재료

쌀누룩 100g, 생수 2ℓ

만들기

1. 쌀누룩에 생수를 붓고 8시간 동안 가끔씩 젓거나 흔들면서 발효균을 배양한다.
2. 8시간이 지난 후 냉장 보관해서 수시로 마신다.

cooking tip

쌀누룩을 만드는 효소에는 아밀라아제라고 하는 소화효소군과 프로터아제군, 리피아제군 등 100여 종이 있는데 이들 효소의 작용으로 식재료의 맛이 업되며 장에서 면역력을 키워 준다.

"피로회복은 물론 면역력까지 높여주는 일석이조 차랍니다"

적채 당근 생강차

재료

적채 500g, 당근 150g, 생강 30g, 생수 $1\frac{1}{2}\ell$

만들기

1. 적채는 심을 제거하고 큼직하게 썬다. 당근과 생강은 얇게 슬라이스한다.
2. 생수에 적채, 당근, 생강을 넣고 끓으면 중약불로 30분 정도 끓여 체에 밭쳐 물만 마신다.

"달콤 상큼한 맛이 기분까지 상쾌해져요"

크랜베리차

재료

시나몬스틱 1개, 냉동크랜베리 100g, 정향 2알, 레몬 슬라이스 2쪽, 아가베시럽 1작은술, 생수 500cc

만들기

1. 생수에 냉동크랜베리, 정향을 넣고 끓으면 약불에 30분 정도 끓인다.
2. 레몬 슬라이스, 시나몬스틱을 넣고 뚜껑을 덮어 30분 이상 우려낸 후 체에 받친다.
3. 아가베시럽을 타서 따뜻하게 마신다.

"소화가 잘 되고, 포만감이 있어 아침식사 대용으로 그만이에요"

현미쌀꽃요거트 오트밀 시리얼

재료

현미쌀꽃요거트 400cc, 대추야자 2개(또는 건포도), 햄프씨드 $\frac{1}{2}$큰술, 압착오트밀 $\frac{1}{2}$컵, 아마씨 $\frac{1}{2}$큰술, 치아씨드 $\frac{1}{2}$큰술, 각종 견과류 2큰술

만들기

1, 현미쌀꽃요거트를 준비한다.
2. 압착오트밀은 팬에 살짝 볶는다.
3. 압착오트밀에 현미쌀꽃요거트을 부어 8시간 정도 충분히 불린다.
4. 대추야자는 씨를 제거하고 채썬다.
5. ③에 대추야자, 아마씨, 햄프씨드, 치아씨드, 각종 견과류를 넣는다.

"형형색색 채소를 골라먹는 재미가 쏠쏠~"

비트 후무스

재료

병아리콩 1컵, 햄프씨드 1큰술, 올리브오일 4큰술, 찐 비트 100g, 레몬즙 1큰술, 마늘 1알,
소금누룩 1작은술, 큐민가루 1작은술, 강황가루 1작은술, 아가베시럽 1작은술, 병아리콩 삶은 물 $\frac{1}{2}$컵
채소 (브로콜리, 오이, 빨강파프리카, 아보카도, 당근, 샐러리 등)

만들기

1. 병아리콩은 8시간 충분히 불린 후 30분간 삶는다.
2. 삶은 병아리콩과 나머지 재료는 믹서에 곱게 간다. 농도는 병아리콩 삶은 물로 한다.
3. 브로콜리는 스티머에 살짝 찌고 오이, 파프리카, 당근, 샐러리, 아보카도는 길이로 굵게 썬다.
4. 준비한 채소를 비트 후무스에 찍어 먹는다.

"보리로 만든 국수라서 소화가 잘 된답니다"

채소 보리 쟁반국수

재료

양파 $\frac{1}{2}$개, 생표고버섯 3개, 당근 $\frac{1}{2}$개, 애호박 $\frac{1}{2}$개, 새송이버섯 1개, 보리국수 200g
양념장 (깻잎 15장, 저염간장 3큰술, 다진 마늘 1큰술, 청양고추다짐 1큰술, 아가베시럽 2큰술, 들기름 1큰술)

만들기

1. 당근, 애호박, 양파, 버섯은 곱게 채썰어 저수분으로 익힌다.
2. 보리국수는 끓는 물에 삶아 찬물에 씻어서 체에 밭친다.
3. 큰 접시에 익힌 채소, 버섯을 담고 가운데에 삶은 보리국수를 올린다.
4. 다진 깻잎과 분량의 재료들을 넣고 잘 섞은 양념장을 곁들인다.

"씹으면 씹을수록 고소한 현미'밥의 매력을 느낄 수 있어요"

현미된장 주먹밥구이

저염된장

현미밥

재료

된장소스, 현미밥 400g

<u>된장소스</u> (저염된장 $2\frac{1}{2}$큰술, 다진 마늘 $\frac{1}{2}$작은술, 다진 대파 2큰술, 다진 청고추 $\frac{1}{2}$큰술, 다진 홍고추 $\frac{1}{2}$큰술, 다진 호두 2개, 아가베시럽 $\frac{1}{2}$큰술, 청주 $\frac{1}{2}$큰술, 들기름 $\frac{1}{2}$큰술)

만들기

1. 분량의 재료를 섞어 된장소스를 만든다.
2. 동그랗게 빚은 현미밥에 된장소스를 넣는다.
3. 그릴에 20분 정도 굽거나 마른 팬에 굽는다.

에필로그 EPILOGUE

식이운동지도사를 소개합니다

우리가 흔히 접하는 채소와 과일 등의 자연식품 안에 비타민과 미네랄 이외에 식물영양소(파이토케미칼)에 대한 정보와 음식을 통해 올바른 식사법을 가르치고, 운동가이드, 심리상담과 병행하여 질병을 예방, 개선하도록 돕는 직업입니다. 건강에 필요한 지식을 과학적이고 체계적으로 습득하여 각 개인들이 진단받은 병증에 따라 컨설팅하는 전문가입니다.
최근에는 특별한 질병 외에도 건강한 생활습관이나 다이어트 등을 위해서도 컨설팅을 받는 사람들이 늘어나고 있습니다. 좀 더 쉽게 설명하자면 운동도 퍼스널트레이너에게 1대1로 지도를 받는 것처럼, 식이운동지도사는 식습관과 운동, 더불어 스트레스 상담까지 집중 관리해 주는 퍼스널 전문가입니다.
식이운동지도사 자격증을 취득하면 건강요리 쿠킹클래스 운영, 개인 식이지도 컨설팅, 건강카페 운영, 건강 먹거리 강사 등으로 활동이 가능합니다.

어디서 강습을 받나요?

충북 청주시 상당구 용정동 935번지 라온쿠킹스튜디오
Tel_ 043-293-0603 / Mobile_ 010-9407-7141

MBC 충북 방송에서 건강과 음식에 대한 전문가로 출연하고 있는 강은경 식이운동지도사.

식이운동지도사 양성과정 강의중인 강은경 식이운동지도사는 식이운동지도사 자격증을 취득한 각 지역의 지도사들과 정기적인 모임을 통해 서로의 정보를 교류하고 있다.

다양한 기관에서 건강한 먹거리에 대한 강의도 진행하는 강은경 식이운동지도사.

쿠킹클래스나 1대1 방문 등
다양한 형태로 컨설팅을 하고 있는
강은경 식이운동지도사.

고객에서 식이운동지도사가 된 3인의 mini interview

"일을 할수록 건강해지는 삶을 선물로 받았어요"

아이 셋을 낳고 지내다보니 이유 없이 몸이 아프고, 계속 피곤해 몸이 무거워지고, 삶이 무기력해졌어요. 그때 지인의 권유로 식이지도를 받게 됐어요. 단순히, 통증이 사라지고 건강해진 것뿐만 아니라 몸에 대한 이해와 식재료의 중요성을 깨닫게 됐죠. 이 좋은 걸 저만 혼자 알기에는 아깝더라고요. 우리 가족부터 실천하기 시작했어요. 아이와 남편, 시어머니까지도 처음에는 반신반의하다가 몸의 변화를 체험하고부터는 다들 적극적이랍니다. 지금은 제 경험과 공부를 토대로 전문 '식이운동지도사'로 활동하고 있어요. 일할수록 건강해지는 삶이 되었다고나 할까요?

식이운동지도사 김민정(청주 라온정)

"가족을 사랑하는 엄마의 실천은 '식이지도'라고 생각해요"

40대에 접어들면서 살이 갑자기 찌더니 여기저기 아프기 시작하더라고요. 단순히 나이 때문이라고 생각했죠. 또 딸아이가 잘 먹는데 체력이 약하고 항상 피곤해 해서 걱정이 많았거든요. 컨설팅을 6주 정도 받고 나니 아침에 일어나는데 몸이 가벼워지고, 출산 후 생긴 심각한 생리통이 없어지더라고요. 보는 사람마다 피부가 맑아졌다는 소리를 듣는 것도 즐거웠어요. 특히 아이가 잦은 장트러블로 고생을 많이 했는데, 이제는 많이 좋아졌어요. 가족 모두 삶의 질이 높아진 셈이죠. 저는 감히 말씀드려요. 적어도 엄마라면, 본인과 가족의 건강을 위해서 꼭 경험해 봐야 할 값진 공부라고요.

식이운동지도사 김정원(원주 라온제이)

"세 살 식습관, 여든까지 간답니다"

11년 전, 결혼을 앞둔 시점에 갑상선암 의심 판정을 받고 수술을 권유받았어요. 수술도 겁이 났고, 평생 호르몬 약을 복용해야 하는 것도 부담스러워서 걱정하던 차에 강은경 선생님을 만났고 식이요법을 꾸준히 해왔어요. 8년 동안 관리를 받으면서 남매도 출산했고, 남들처럼 일도 하면서 건강하게 살고 있어요. 최근 병원에서 정밀검사를 해보니 종양 사이즈가 확연히 줄어들었고, 제거 수술 후에도 지속적인 식이관리로 지금은 약없이도 잘 지내고 있어요. 이후 아이들의 먹거리에 관심을 갖기 시작하면서 현재는 제주도에서 식이운동지도사로 활동하고 있어요. 저처럼 병에 걸린 후 관리하는 것보다 어릴 때부터 올바른 식이지도가 건강한 삶에 얼마나 큰 영향을 미치는지 엄마들에게 알리고 싶어요.

식이운동지도사 이은경(제주 라온제나)

쉽다! 간편하다! 맛있다!

내 몸 살리는 4주 식습관 프로젝트

펴낸날 초판인쇄 2019년 6월 13일

지은이 강은경(라온쿠킹)
펴낸이 송인태

책임편집 김수영 이영희(요리)
스타일링 이빛나리 박민재
사진 장태규
표지 및 디자인 ssuptyler

펴낸곳 네오이마주
출판등록 2005년 9월 5일 제 16-3713호
주소 06124 서울특별시 강남구 강남대로106길 25-1
전화 02-546-0633~4 **E-mail** ssong2000@chol.com

이 도서의 국립중앙도서관 출판예정도서목록(CIP)은 서지정보유통지원시스템 홈페이지 (http://seoji.nl.go.kr)와
국가자료종합목록시스템(http://kolis-net.nl.go.kr)에서 이용하실 수 있습니다.
(CIP제어번호 : CIP2019022056)

ISBN 978-89-963353-7-5 03590